意 识 与 脑 科 学 丛 书

唐孝威　　著

智能论

心智能力和行为能力的集成

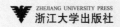

ZHEJIANG UNIVERSITY PRESS
浙江大学出版社

图书在版编目（CIP）数据

智能论：心智能力和行为能力的集成/唐孝威著．
—杭州：浙江大学出版社，2010.4
ISBN 978－7－308－07486－5

Ⅰ．①智… Ⅱ．①唐… Ⅲ．①认知科学－研究
Ⅳ．①B842.1

中国版本图书馆 CIP 数据核字（2010）第 056915 号

智能论：心智能力和行为能力的集成

唐孝威　著

责任编辑	王志毅
文字编辑	楼伟珊
装帧设计	王小阳
出版发行	浙江大学出版社
	（杭州天目山路 148 号　邮政编码 310007）
	（网址：http：//www．zjupress．com）
排　　版	北京京鲁创业科贸有限公司
印　　刷	杭州杭新印务有限公司
开　　本	640mm×960mm　1/16
印　　张	11
字　　数	152 千
版 印 次	2010 年 5 月第 1 版　2010 年 5 月第 1 次印刷
书　　号	ISBN 978－7－308－07486－5
定　　价	30.00 元

前　　言

　　物质结构、宇宙演化、生命起源和智能本质，一直是人类探索的自然之谜。智能的本质是当代自然科学的基本问题之一，智能研究具有重要的现实意义。如何开发智能，进一步提高中华民族的智能水平，受到了全社会的极大关注。因此迫切需要对智能进行深入的研究，在此基础上探讨提高智能水平的方法。随着脑科学和心理学实验技术的发展，对智能已经获得越来越多的实验资料；根据大量的实验事实，有可能提出比较全面的智能理论。

　　本书是一本研究智能本质的学术专著。书中首先介绍智能研究的概况，然后从智能的神经基础、智能的心理过程、智能的行为表现以及智能与环境作用等四个方面考察智能的特性，并讨论智能的定量研究问题，最后根据现有的智能实验事实，提出智能的一个理论框架。

　　这个智能理论框架由以下几部分组成：(1) 作为基础的心理相互作用及其统一理论，(2) 广义的智能定义，(3) 关于智能结构和智能过程的观点，(4) 智能的统一研究取向，(5) 智能集成论。智能集成论是研究智能活动中集成现象和规律的理论。这个理论用集成的观点考察智能活动，包括智能成分、智能的集成作用、集成环境和集成过程；认为个体智能是在遗传基础上，通过多层次的心理相互作用，在能动的集成过程中发展的，智能是心智能力和行为能力集成的统一体。

　　智能有各种不同的定义。在日常生活中人们把智能笼统地理解为能力。本书第一章中介绍智能研究的概况，提到智能时都泛指能力。本书

第三章指出，智能具有复杂的结构，心智能力和行为能力集成在一起，构成智能的整体；从而给出广义的智能定义，即智能是心智能力和行为能力的集成。第三章中阐述智能理论框架，提到智能时指的是广义定义的智能。

本书附录一详细介绍一些学者关于智能的各种观点和理论，附录二引用作者与合作者合写的文章，附录三和附录五引用有关专家的文章。附录中已分别注明他们的姓名以及文章的出处，在此向他们致谢。

本书是浙江大学物理系交叉学科实验室和浙江大学语言与认知研究中心的研究成果。本书的写作和出版得到浙江省科技厅的资助。

目　录

Contents

第一章　智能研究

在说明智能的实验事实和提出智能的理论框架之前，这一章对智能研究进行简单的介绍。研究智能的目的是了解智能和发展智能。以下两节分别说明脑、心智和行为，并介绍智能研究的概况。

认知科学领域中有些学者认为：认知科学是研究人的智能、其他动物的智能以及人造系统的智能的科学。本书讨论人的智能，不讨论动物智能和机器智能。关于动物智能的研究，可以参考 Macphail（1982）和道金斯（1998）等人的著作。关于机器智能的研究，可以参考 Newell（1990）和 Baum（2004）等人的著作。

第一节　脑、心智和行为

智能活动包括心智活动和行为活动，智能的生理基础是脑和身体。本节先谈谈认识脑和开发脑，再介绍目前心理学对心智和行为的认识。

一、认识脑和开发脑

自古以来，人类一直对智能本质的问题进行探讨。我国古代许多思想家谈论过智能，他们把智、仁、勇称为"天下之达德"（《礼记·中庸》），如《论语·子罕》中说："知（智）者不惑，仁者不忧，勇者不惧。"我国古代许多教育家也关注智能问题。

1

在近代科学中，智能是脑科学家和心理学家研究的重大问题。我们已经认识到，个体智能的生理基础是脑和身体，脑是身体的重要器官，心智是脑的高级功能。同时，智能的研究受到教育家和技术科学家的重视。教育家培养人才，需要了解智能的本质和智能发展的规律；技术科学家设计和制造具有智能的机器，需要了解智能的本质和智能的脑机制。

现代脑科学的发展使我们对智能有了许多新的认识。《脑科学导论》（唐孝威等 2006）一书指出，脑科学是研究脑与心智的现象和规律的科学，同时应用这些规律为人类造福；脑科学研究的问题包括探测脑、认识脑、保护脑、开发脑和仿造脑等方面。

探测脑是探测脑的结构和功能，为认识脑提供实验资料。认识脑是揭示脑活动的本质，了解脑与心智的规律。保护脑是预防、诊断和治疗脑的各种疾病，保证脑与心智的健康。开发脑是开发脑的潜力，提高人的素质。仿造脑是研制具有人类特点的、高度智能化的仿脑机器。

智能的问题与脑科学这几个方面都有联系，特别是和开发脑有密切的关系。要开发脑，必须研究和了解智能的本质和智能的脑基础。

智能的问题和教育科学直接相关，把脑科学关于认识脑和开发脑的研究成果应用于教育的理论和实践，将使我国的教育事业展现勃勃生机。

二、心智和行为

智能是什么？怎样使人更加聪明？这是每个人和全社会都关心的问题。智能活动涉及心智和行为，了解智能就要对心智和行为作全面的考察。

在心理学历史上，关于心智和行为的研究有过曲折的过程。早年心理学中，构造主义理论和机能主义理论都主张研究内部的心理现象，如构造主义理论强调用内省方法研究人的心理。以后出现的行为主义理论，则主张用实验方法研究可以观察的行为。行为主义对促进心理学的客观研究起过积极的作用，但是它否认对心理内部结构和过程的研究则是片面的。后来兴起的认知心理学又重新注重对内部心理现象的研究。

当代多数心理学家对心理学研究的共识是：心理学是研究心智和行为的科学；心理学研究中，心智和行为的研究应当并重。

在心理学中，心智是指个体内部的心理过程和心理特性。《心智的无意识活动》（唐孝威 2008a）一书指出，心智是人的精神活动，是脑的高级功能；心智是非常复杂的现象，要从多个方面和多个层次进行考察，包括心智的内部结构、心智的神经基础、心智的各种状态、心智的动态过程等。

潘菽（1987）把心智分为认知活动和意向活动两个基础范畴。传统心理学则把心智分为认知、情感和意志三个方面（彭聃龄 2001）。《统一框架下的心理学与认知理论》（唐孝威 2007）一书提出，心智有觉醒成分、认知成分、情感成分和意志成分，这些成分以及它们之间的相互作用构成心智的整体。

心智的觉醒成分——觉醒是个体的意识状态，常指觉察或唤醒。觉醒和注意有密切的关系，注意时个体的心智活动指向和集中于一定的对象。

心智的认知成分——认知是个体从客观事物获得信息，并对信息进行加工、储存、提取和利用，了解信息的意义，从而认识客观事物的心智活动。感觉、知觉、记忆、思维、语言等都是认知的组成部分。

心智的情感成分——情感是个体对客观事物进行评估，从而产生对事物的态度和体验的心智活动。

心智的意志成分——意志是个体确定目标，并且为实现目标而支配、调节行动的心智活动。

《心智的无意识活动》（唐孝威 2008a）一书归纳出心智的以下一些特点：(1) 心智是脑的高级功能，(2) 心智的物质基础是脑以及脑内进行的神经生理与生化过程，(3) 心智是客观世界在个体脑内的反映，(4) 心智具有主观性，(5) 心智具有能动性，(6) 心智活动是动态的过程，(7) 心智活动包括有意识活动和无意识活动。

有意识活动是个体能够觉知的、有感受的心智活动，无意识活动是个体并不觉知的、没有感受的心智活动。大部分的心智活动是无意识的，无意识活动是有意识活动的背景；而在某一时刻被个体觉知的有意识活动，是这个背景中涌现的很小一部分。有意识的心智活动和无意识的心智活动都有其相关的神经活动，而且都会影响行为。即使在没有外界任务的条件下，个体在静息态时，脑内也进行着内禀的心智活动，包括有意识的活动和无意识的活动。

目前心理学中研究得最多的心智现象是感觉、知觉、学习、记忆、注意、情绪等，在思维、语言、动机、人格等方面也有许多研究，并且已经开始对意识进行自然科学的研究（Sdorow 1995，Eysenck 1998，Kosslyn et al 2003，唐孝威 2004）。

心智研究是多门学科共同关心的课题。几位美国科学家在 2007 年曾提出开展心智研究十年计划的建议（Albus et al 2007）。他们认为，深入地和科学地了解心智，理解感觉、思维和动作的内部机制，会对科学、医药、经济增长、安全和福利等产生重大影响。

在心理学中，行为指个体的反应、动作和活动。个体的各种实践活动都是人的行为。个体处于自然环境和社会环境之中，并且不断地和环境相互作用，有些心理学家把行为界定为个体适应环境的反应。行为不同于心智，但是和心智有密切的关系。

心智是客观世界在个体脑内的反映，心智具有主观能动性，心智活动指导和支配个体的行为，所以个体能够认识、适应和改造客观世界。心智活动通过行为而在外部表现出来，并且作用于环境；个体的行为活动反过来影响脑和心智活动。个体的心智是主观的内部活动，不能直接进行测量。个体的行为，包括各种动作与实践活动，则是外部的表现，可以直接进行观察和测量。

注意过程、认知活动、情感活动、意志活动等心智活动和各种行为反应有密切联系。例如：个体在注意过程中将注意朝向和集中于一定事物,同时支配相应的行为反应,这些行为反应的结果又会调整个体的注意。又如:个体通过认知活动获得对客观事物和自己的认识,并根据这些认识作出行为反应,行为反应的结果又引起新的认知活动,进一步加深个体对客观事物和自己的认识。又如:个体的情感活动使自己对事物产生态度和体验,导致相应的行为反应,这些行为反应又会引起新的体验,并且调整原有的情感。又如:个体通过意志活动支配、调节自己的行动来实现目标,行动的结果又会影响原来的意向。

第二节　智能研究概况

这一节介绍智能研究的概况,包括智能的定义、智能的实验研究方法和智能的研究取向等。

一、智能的多种定义

人们在日常生活中都关注智能现象,例如讲某人聪明、某人能干等。人们还从不同方面描述这些人的特点,例如说有人记忆能力强、有人理解能力强、有人分析能力强、有人表达能力强、有人动手能力强、有人组织能力强,等等。

在心理学和教育学研究中,智能问题也备受重视。大家关心下一代孩子的成长,常常讨论怎样使孩子更加聪明、怎样从小培养孩子的各种能力,等等。

但是大众对"智能是什么"的问题并没有共同的理解。即使是心理学家,至今对智能也还没有一个统一的定义。下面举一些例子说明。

潘菽等(1985)认为,人类的智能是人类认识世界(及自己)和改造世界(及自己)的才智和本领。但他们也说:"智力一词的含义看起来好像是人人皆知的,实际上却很难提出一种完全令人满意的定义。"

吴天敏(1980)在"关于智力的本质"一文中说:"虽然智力测验已

经有七八十年的历史，然而什么是智力却至今没有一个公认的解答。"
该文认为，智力是一种完整的心理现象，是神经活动和心理活动，以及
神经活动的某些特点之间的复杂的相互作用的结果。该文为智力作出以
下定义："智力是脑神经活动的针对性、广扩性、深入性和灵活性在任
何一项神经活动和由它引起并与它相互作用的意识性的心理活动中的
协调反映。"

我国许多学者对智能还有过各种不同的定义，如"智力是一种顺应
或适应能力"，"智力是一种偏重于认识方面的能力"，"智力是一种先天
素质，特别是脑神经活动的结果"，等等。

卡尔文（1996）在《大脑如何思维——智力演化的今昔》的开头第一
句，引用了心理学家 Piaget 的话"智力是你不知道怎么办时动用的东西"，
接着加括号说："这是对我试图论述智力时所处情景的确切的描述。"

Sternberg（1985）曾经列举智能的一些特征，如语言、预见行为、
学习速度、动作、想象力，等等。同时又说："智力是一个很难捉摸的
概念。"他曾经统计过心理学家关于智力的不同定义，达 27 项之多，其
中包括：（1）为有效地应付环境的需要的适应性；（2）基本心理过程
（知觉、感觉和注意）；（3）元认知（认知的知识）；（4）执行过程；
（5）知识和加工的相互作用；（6）较高水平的成分（抽象思维、表征、
问题解决、决策）；（7）知识；（8）学习能力；（9）生理机制；（10）独立
的能力（如空间、语言、听觉）；（11）心理加工的速度；（12）自动化
的加工；（13）一般因素；（14）现实世界的表示（社会的、实践的、心
照不宣的）；（15）文化价值观；（16）不易定义的，不是一种结构的；
（17）一种学术领域；（18）在人出生时所表现出来的能力；（19）情绪
的、动机的结构；（20）限于学术或认识能力；（21）心理能力的个体差
异；（22）以环境产生的遗传程序为基础的；（23）解决新奇事物的能
力；（24）心理顽皮性；（25）在期望值中重要的；（26）抑制情感的能
力；（27）外在行为的表示（实际的、成功的反应）。

Nickerson 等（1985）认为，人类的智能包括以下一些能力：图形分

类的能力、适应环境的能力、演绎推理的能力、归纳推理的能力、发展和应用概念模型的能力，以及理解的能力。

Gottfredson（1997）也曾归纳过许多不同的智力定义，他提出下面的看法："智力是一种非常普遍的心理能力，它包括推理、计划、解决问题、抽象思维、理解复杂观念、快速学习、从经验中学习，以及其他方面的能力。"

在本书附录一中，有部分学者关于智能的观点和理论的介绍。

《思维心理学》（刘爱伦等 2002）一书对心理学家关于智能的多种定义总结说："尽管智力定义众说纷纭，但心理学家对智力一词所下的定义，大都不超出两种取向：一是概念性定义，即只对智力一词作抽象的或概括性的描述。如：智力是抽象思维的能力，智力是学习的能力，智力是解决问题的能力，智力是适应环境的能力，等等。二是操作性定义，即采用具体性或操作性方法或程序来界定智力。如：智力是智力测验所测出的能力。"

从智能的概念性定义和操作性定义这两类定义出发，智能的理论研究就有两种不同的侧重点：一种是对智能进行概括性的描述，大多侧重于探讨智能活动背后的心理过程；另一种是对智能进行操作性的界定和智能的行为表现的客观研究，侧重于探讨智能的各种行为表现及其测验。上述两类定义都有一定的依据，它们分别强调单个方面，如果把它们结合起来就会比较全面。

二、智能的多种实验研究方法

人们用许多不同的方法研究智能，例如：在现实情境中观察和记录智能活动，在教育实践中总结智能活动的特性，进行智能活动的各种实验，用计算方法模拟智能活动等。其中实验是研究智能的主要方法。

目前研究智能的实验方法很多，主要是心理学方法和神经科学方法。心理学实验有行为实验和个体自我报告等，神经科学实验有脑成像实验和生理、生化实验等。

心理学实验是在实验室的控制条件下观察和测量受试者的智能活动。心理学实验需要精心设计。实验中的变量有自变量和因变量，自变量是研究者在实验中设置的变量，因变量是受试者在实验中的反应变量，是自变量造成的结果。在实验时，控制自变量，测量因变量的值。在《心智的定量研究》（唐孝威等 2009）一书中，对心理实验的设计有详细的介绍。

在心理学实验中，常给受试者一定任务，用心理实验仪器记录受试者进行任务的正确率和反应时间等。受试者在完成一个任务时，并不是每次都能得到正确的结果；实验的正确率是受试者完成一个任务时，在总的试验次数中得到正确结果的次数。受试者发动一个反应，需要经历一段时间；反应时间是受试者发动明显的行为反应所需要的时间，即从呈现刺激起到反应开始为止的时间。

眼动实验方法也是心理学中一种重要的实验方法。实验测量受试者完成任务时瞳孔直径的变化及眼睛注视点的移动等，通过这些测量，可能了解受试者在完成任务时注意资源分配的情况。

观察法是直接观察和记录受试者在不同条件下的行为，还可以观测受试者在智能活动时的面部表情、身体姿态及其他行为。

用以上这些心理学实验可以在行为水平上了解智能活动的一些特点，但是不能直接了解脑内的心智活动。

在个体作自我报告的心理学实验中，要求受试者在实验时报告本人的主观感受或其他心理活动，并且记录和分析个体在不同条件下自我报告的内容。

此外，心理学家还用一些经过标准化的智力量表，测量受试者的成绩，给出测验的得分，这称为智力测验。在后面第二章第三节和附录五中，有关于智力测验的简单介绍。

在神经科学实验方面，用医学影像技术，如计算机断层显像（CT）技术和核磁共振成像（MRI）技术，可以无损伤地测量人脑内部结构，得到脑结构的三维图像。这些脑结构成像技术在脑疾病的医学诊断方面发挥重要作用，也可以提供不同智力水平的受试者脑结构差别的实验资料。

在智能活动时，脑内发生各种生理变化，如：神经电活动和化学过程，脑区激活伴随的局域血流变化、葡萄糖代谢率变化、血氧水平变化等。

目前常用的脑功能成像实验技术有：功能核磁共振成像（fMRI）技术、正电子发射断层成像（PET）技术、单光子发射断层成像（SPECT）技术、脑电成像（EEG和ERP）技术、脑磁成像（MEG）技术、近红外光学成像（NIRS）技术等。用这些实验技术可以无损伤地测量受试者在智能活动时脑内的生理变化（Posner et al 1996，唐孝威 1999）。

在脑功能成像实验中，利用上面提到的各种技术测量激活的脑区以及脑区激活的强度，给出脑激活的三维图像，还可以分析脑区之间功能连接强度，从而了解多个脑区之间的相互作用。

在 PET 实验中，把用发射正电子的放射性核素标记的化合物注入人体，使之进入脑部，在体外用仪器测量脑内不同部位由核素发射的正电子湮灭产生的 γ 射线，再重建发射源的图像，就可以获得这种标记化合物在脑内的分布。实验中可以采用不同的放射性核素，标记不同的化合物，如用氧-15 核素标记的水，或用氟-18 核素标记的脱氧葡萄糖（FDG）等。

用 PET 技术进行脑功能成像时，用氧-15 核素标记的水研究脑内局域血流量。脑内局域血流量与这一脑区的神经活动相关，激活脑区的局域血流量增大，使相应部位产生的 PET 计数增加，由此可以得到脑内各处血流量的三维图像，从而了解人在智能活动时相关脑区的功能活动。

用 PET/FDG 方法可以研究脑内局域葡萄糖代谢率。脑内局域葡萄糖代谢率与这一脑区的神经活动相关，激活脑区的局域葡萄糖代谢率增大，使相应部位产生的 PET 计数增加，由此可以得到脑内局域葡萄糖代谢率的三维图像，从而了解人在智能活动时相关脑区的功能活动。

用 fMRI 技术进行脑功能成像，是基于血氧水平依赖性（BOLD）原理。血液中血红蛋白结合氧分子和血红蛋白失去氧分子，两者具有不同的磁性，所以核磁共振信号和血流含氧量的变化有关。血氧水平的变化是局域神经活动的结果，激活脑区的血流中血氧水平发生变化，因而使核磁共振信号变化。通过这种方法可以了解人在智能活动时脑内相关脑区的功能活动。还可以选取一定激活脑区作为种子点，测量其他激活脑区与种子点之间的功能连接强度。

脑电成像技术和脑磁成像技术测量的是脑内部功能活动时头皮的电信号或磁信号。脑电成像技术在头皮上用多个电极测量脑活动的电信号，可以连续记录电信号（EEG），或者记录脑电的事件相关电位（ERP）。后者测量与刺激事件相关的电信号，即同步于刺激事件，测量刺激事件引起的脑内活动时的电信号。这样可以确定活动脑区的大致部位，还可以获得脑活动的时间特性数据。因此用脑电成像技术或脑磁成像技术，能得到脑功能活动大致的空间信息和快速的时间信息，从而了解人在智能活动时脑功能活动的动态过程。

心理学实验和神经科学实验除以健康人作为受试者外，还以脑损伤患者或精神疾病患者作为受试者，进行实验研究。脑损伤患者或精神疾病患者的智能成分受到不同程度的损害，通过这方面实验可以对智能的特性得到一些了解。

三、智能的多种研究取向

心理学的研究取向是指心理学的思潮和流派。在心理学的发展过程中，产生过许多不同的思潮和流派。某种影响了心理学一些领域发展的思潮，就是心理学中的一种研究取向。

由于智能现象的复杂性，当代心理学对智能的研究存在多种不同的研究取向，每一种研究取向对智能有各自的看法。各种不同的研究取向包括相关的一些智能理论，每一种智能理论分别持有自己独特的理论观点。

一些研究者曾从不同的角度对当代智能研究取向进行分类，他们的分类方法略有不同。例如，在《人类心智研究》(Sternberg 1998)、《思维心理学》(刘爱伦等 2002)、《思维、智力、创造力——理论与实践的实证探索》(谢中兵 2007) 等书中，曾经分别对当代智能研究取向进行过不同的分类。

《人类心智研究》(Sternberg 1998) 一书介绍了当代智能研究中五种研究取向和相应的五种智能理论模型：

(1) 智能的心理测量模型。这类模型把智能看做是基于测量的"心智地图"。书中列举了 Spearman (1927)、Thurstone (1938)、Cattell (1971)、Carroll (1993) 等人的工作，他们都着重从心理测量的角度分析智能的心理结构成分，如一般因素、原初心理能力、能力的层次结构、流体能力和晶体能力等。

(2) 智能的计算模型。这类模型把智能看做是计算机程序。书中列举了 Larkin 等 (1980)、Snow (1980)、Deary 等 (1996) 的工作，他们都着重讨论内部的信息加工，如研究检测时等，但是不考虑智能的脑基础以及智能与环境的关系。

(3) 智能的生物学模型。这类模型把智能看做是一种生理现象。书中列举了 Barrett 等 (1992)、Matarazzo (1992)、Vernon 等 (1992)、Caryl (1994) 等人的工作，他们都着重讨论与智能相关的脑活动而不研究心理活动。

(4) 智能的人类学模型。这类模型把智能看做是文化的产物。书中列举了 Cole 等 (1971)、Berry (1974)、Serpell (1994)、Ceci (1996) 等人的工作，他们都着重讨论智能的文化背景，考虑外部世界的因素而不讨论智能的内在机制。

(5) 智能的系统模型。这类模型在系统水平上讨论智能，如多元智力理论、三元智力理论等。书中列举了 Gardner (1983, 1993)、Sternberg (1985, 1996)、Cantor 等 (1987)、Ford (1994) 等人的工作，他们都对智能过程作详细的分析，但较少讨论智能活动的脑机制。

《思维心理学》（刘爱伦等 2002）一书从另一角度说明智能的研究取向，主要介绍两类研究取向，即心理测量研究取向和认知研究取向。

（1）智能的心理测量研究取向。智力测量学家在编制心理测验量表和对智力进行测量、分级的基础上，采用数学工具对测量的结果进行因素分析，然后推导出各种智力理论。其共同点是把智力差异源看成因素，认为可以将人在智力测验中表现出来的差异分解成这些因素的差异，每一因素代表人类的一种特殊能力。因为这一类理论都是以测量结果为其立论根据，所以称为智能的心理测量研究取向。在这方面，书中列举了 Spearman、Thurstone、Guilford、Cattell 等人的工作。

（2）智能的认知研究取向。随着认知心理学的兴起，对智能的认知研究取向逐步代替了心理测量研究取向。现代认知心理学也称为信息加工心理学，它对智能性质的研究不计较其组成部分，而是从智能活动的内在加工过程来探讨智能的本质。在这方面，书中列举了 Gardner、Das、Sternberg 等人的工作。

《思维、智力、创造力——理论与实践的实证探索》（谢中兵 2007）一书从另一角度说明当代智能研究中的四种研究取向：

（1）智力研究的因素分析取向。在 20 世纪 60 年代以前，对智力的研究主要采取因素分析的方法和研究取向。这种研究取向以智力的个体差异作为研究的出发点，主要关心智力的个体差异，用因素作为理解智力的基础，在理论上假定可以从个体有差别的因素来理解和解释智力。在这方面，有 Spearman、Thurstone、Vernon、Cattell、Guilford 等人的工作，有关的具体理论有智力二因素说、智力多因素说、智力层次结构模型、流体和晶体智力理论、智力三维结构模型等。

（2）智力研究的认知取向。在 20 世纪 60 至 80 年代发展的智力研究的认知取向不关注智力的组成成分，而注重智力在现实生活中的功能。这种智力研究取向从信息加工的角度出发，从智力活动的内部信息加工过程来理解智力。现代认知心理学认为，智力既包括感觉、知觉、记忆等基本的认知过程，也包括抽象思维、表征、问题解决、决策等高级心理活动；此外还指出，在所有各种认知过程的背后存在着对认知过程本身的认知，称为元认知或自我监控。

在早期，智力的信息加工理论主要探讨个体在完成任务的反应时间和内部信息加工过程之间的关系，后来有人提出一些关于高级形式智力活动的理论，尝试构建一个合理的智力模型。在这方面，有 Das、Sternberg 等人的工作，典型的具体理论有三元智力理论、PASS 智力理论等。

（3）智力研究的生态和社会文化取向。20 世纪 80 年代以后，智力的情境性、现实性和社会文化因素对智力的影响引起人们的重视，因而产生了智力研究的生态和社会文化取向。这种研究取向认为，人的智力总是在具体情境和具体活动中表现出来并且得到发展的，人的智力不仅受纯智力因素的影响，也受知识经验、文化背景以及智力活动的具体情境的影响和制约。

这种研究取向指出传统智力理论的局限性与不足之处，强调要重视分析现实情境和环境中的智力活动，要重视研究智力与社会文化情境和环境的关系，尝试在智力活动和环境要求的相互作用中揭示智力的起源和本质。在这方面，有 Sternberg、Gardner、Vygotsky、Cattell 等人的工作，具有代表性的理论有多元智力理论、成功智力理论、智力的社会文化历史理论等。

（4）智力研究的认知神经科学取向。在 20 世纪 90 年代，随着脑科学的进展和脑功能研究技术手段的发展，出现了智力研究的认知神经科学取向。认知神经科学是认知科学和脑科学相结合的交叉学科，其主要内容是阐明认知过程的脑机制，已经对知觉、注意、记忆、语言等认知过程的脑机制开展了许多实验研究。智力研究的认知神经科学取向从脑内神经活动过程的角度揭示和解释智力活动的脑机制。

智能包括心智能力和行为能力，心智能力又包括认知能力等成分。因此智能的研究与认知的研究有密切的关系。《统一框架下的心理学与认知理论》（唐孝威 2007）一书介绍了当代认知研究的许多研究取向，如：（1）认知的神经生物学的研究取向，（2）认知的信息加工的研究取向，（3）具身认知的研究取向，（4）情境认知的研究取向，（5）动力系统认知的研究取向，（6）社会认知的研究取向，（7）认知的进化心理学的研究取向，（8）认知的发展心理学的研究取向，（9）认知的人工智能的研究取向等。认知的这些研究取向和智能的多种研究取向是相关的。

　　从上面这些介绍可以看到，当代智能研究中存在各种不同的研究取向。各种研究取向的研究侧重点有所不同，它们都有一定的理论依据和研究特点，同时也各有其不足之处。同时也应该看到，它们的一些概念并不都是互相排斥，而是可以互相补充的。

第二章　智能现象

　　智能的实验事实是研究智能本质的依据。这一章从脑、心智、行为和环境四个方面介绍智能的实验事实。在脑方面，介绍智能的神经基础；在心智方面，介绍智能的心理过程；在行为方面，介绍智能的行为表现；在环境方面，介绍智能和环境作用。此外，还对智能的定量研究进行简短的介绍，如智能的定量描述、智力测验和智能模型等。

第一节　智能的内部机制

　　我们可以从心脑系统内部和心脑系统外部两个方面来考察智能现象。从心脑系统内部看，脑是心智的基础，心智是脑的功能。智能的内部机制包括智能的神经基础和智能的心理过程。

一、智能的神经基础

　　对智能的神经基础的研究已经有许多进展。张琼等（2006）从脑电生理、脑功能成像、神经生化、行为遗传与分子遗传等方面介绍研究个体智力差异的神经生物学基础的实验，认为在有关的实验研究中，实验结果对任务的依赖较大；由于各种智力成分与实验任务的关系不同，研究者有必要将智力的各种成分进行分离，分别加以研究。当然，在分离研究的基础上，还要把各方面的结果综合起来。

人类的脑是长期进化的产物。在进化过程中，经过自然选择和劳动，人类不但发展了对生存活动有意义的神经结构，而且形成了作为人类智能基础的脑功能系统。与此同时，人类的智能在进化过程中发展起来。

个体的脑是在先天遗传的基础上发育的，个体的脑的发育过程受到先天遗传因素和后天环境因素以及生活、学习、劳动等活动的共同作用。脑是智能的物质基础，个体智能的发展同样受到遗传、环境和学习等方面因素的共同作用。

实验上进行过智能的遗传因素的研究，如双生子能力的行为研究，以及能力和基因数据的关联分析等。这些实验研究阐明了遗传因素对智能的作用（Plomin et al 1994，艾森克 1999）。

下面从脑功能系统的角度说明智能的脑机制。Luria（1973）在《工作的脑——神经心理学导论》一书中提出，脑内存在三个功能系统。脑的第一功能系统是调节紧张度和维持觉醒状态的系统，它与脑干、间脑和脑两半球的中央区有关，它的基本功能是调节合适的皮层觉醒状态，也负责维持注意。脑的第二功能系统是接受、加工和储存信息的系统，它与顶叶、颞叶、枕叶等脑区有关，它的基本功能是对体内体外信息进行编码、接受、加工和存储。脑的第三功能系统是编制行为程序、调节和控制行为的系统，它与额叶，尤其是前额叶有关，它的基本功能是调节、控制心理活动以及对行为进行规划、调整和检验。

实验资料表明，除以上三类功能外，评估和情绪等心理活动对于脑的整体功能同样是必不可少的。因此我们对 Luria 脑的三个功能系统学说进行了扩展，提出了脑的四个功能系统学说，即除以上脑的三个功能系统外，还存在脑的第四个功能系统（唐孝威等 2003）。脑的第四功能系统是评估信息和产生情绪体验的系统，它与杏仁核、边缘系统等脑结构以及前额叶的一部分脑区有关，它的基本功能是进行评估、抉择和情绪活动。

这四个脑功能系统具有不同的功能，同时又紧密联系和相互作用。

各种智能活动都是这四个脑功能系统相互作用和协同活动的结果。对于智能活动来说，脑的四个功能系统中的每一个系统都是不可缺少的。在《意识论——意识问题的自然科学研究》（唐孝威2004）一书中，对这四个脑功能系统间的相互作用进行了详细的讨论。

在智能活动中，脑的第一功能系统为其他几个功能系统的各种活动提供基础；脑的第二功能系统接受、加工和储存信息，信息加工的结果会影响其他几个功能系统的活动；脑的第三功能系统对其他几个功能系统的活动起调节和控制作用。在智能活动中，脑的第四功能系统对信息进行评估，并由此产生情绪体验和作出反应，它们会影响调节紧张度和觉醒状态的功能活动；还会影响接受、加工和储存信息的过程，并且指导编制行为程序和调节、控制行为的功能活动。

本书附录二详细介绍了关于脑的四个功能系统学说。

在实验上，用PET技术和MRI技术对智能的神经基础进行过许多研究，其中有与智能有关的脑结构成像实验，以及与智能有关的脑功能成像实验等，下面举几个例子。

Haier等（2004）、Gong等（2005）和Colom等（2006）进行过与智能有关的脑结构成像实验。这些实验表明，智力的个体差异可能有脑结构方面的神经基础，特别与脑内灰质有关。例如：Haier等（2004）用MRI技术进行脑成像，用基于像素的形态学方法分析脑的结构图像，给出脑区灰质体积与智商有联系的结论。在他们的实验中，一些脑区的灰质体积大小与智商高低相联系，这些脑区在脑内有广泛的分布，包括额叶（BA 10, 46, 9）、颞叶（BA 21, 37, 22, 42）、顶叶（BA 40, 43, 3）、枕叶（BA 19）以及脑干等结构。

Haier等（1992a, 2003）、Lee等（2006）和Song等（2008）进行过与智能有关的脑功能成像实验。Duncan等（2000）用PET技术研究过智力的一般因素（即g因素）的神经基础，Geake等（2005）用fMRI技术研究过流体智力的神经相关物。

Haier等（1992b）用PET技术研究受试者脑区局域葡萄糖代谢率，

测量受试者在进行复杂的视空间—运动的练习后脑区局域葡萄糖代谢率发生的变化。实验表明，受试者在完成新作业时，脑区局域葡萄糖代谢率高，而在对作业熟悉之后，相关脑区的局域葡萄糖代谢率降低；也就是说，脑区激活水平取决于受试者完成作业的熟悉程度，在经过长时间的练习后，相关脑区的激活水平降低。他们对实验结果的解释是，长时间的练习使相关脑区的工作效率提高，花较少的努力就能够完成相同的任务。

还有实验测量过受试者在进行推理任务或工作记忆任务时脑区的激活。这些实验表明，智能的神经基础是多个脑区相互作用构成的脑内网络，前部的脑区和后部的脑区都与智能活动有关。

有的实验用 fMRI 技术测量健康成人在静息态时脑内自发活动的功能连接，又用韦克斯勒成人智力量表测量其智力测验的得分，并研究功能连接与智力测验得分之间的相关性（Song et al 2008）。他们以前额叶背外侧皮层（DLPFC）作为分析的种子点，测量其他脑区与种子点之间的功能连接强度。实验表明，额叶、顶叶、枕叶、边缘系统等部位脑区的功能连接强度的大小，都与智力测验得分的高低呈正相关。也就是说，即使是在没有外加任务的静息状态时，受试者智力的个体差异也与特定脑区间的功能连接相关。这个结果为了解智能的神经基础提供了新的实验资料。

下面再举一个数学运算能力的脑成像研究的例子。

珠算是一种用算盘进行运算的计算技能。心算是通过心理操作进行数学运算的心理过程。"珠心算"又称为珠算式心算，是运用珠算原理进行心算的心理过程。珠算、心算和珠心算的能力都是数学运算的具体能力，对这些能力的研究是智能研究的一个方面。

近年来，珠心算的神经机制和珠心算训练的教育功能引起研究智能的学者的兴趣，也引起儿童教育工作者的关注。一些研究工作者通过具体的教育实践，认为珠心算练习能提高儿童的计算能力，而且可能促进儿童其他脑功能和认知能力的发展，但是珠心算的神经机制及其脑内加工原理还不清楚。

陈飞燕等用功能核磁共振技术进行了珠心算的脑功能研究 (Chen et al 2006a，2006b)。她们尝试在实验中回答以下一些问题：珠心算与脑的哪些区域有关？这些脑区在珠心算过程中是怎样活动的？珠心算练习对这些脑区有什么影响？是怎样影响这些脑区的？从而为珠心算的教育实践寻找认知神经科学方面的依据。她们通过实验观察到：在进行珠心算加工时，珠心算儿童的左侧语言区没有明显的激活，而在两侧颞叶后部或顶上小叶后部有显著的激活。这个现象表明，珠心算加工不依赖于语言表征，而依赖于视觉空间表征。对照组儿童在进行心算时，左侧语言区域有显著的激活，这与前人的研究结果相吻合，即在心算过程中，对照组儿童采用了语言相关的策略。

在这个实验中，珠心算儿童采用的是"看珠心算"，即数字用视觉方式呈现。为了进一步验证实验的结果，她们又进行了第二个实验。在实验二中，参加实验一的珠心算儿童完成与实验一相同的任务，只改变刺激的呈现方式，采用"听珠心算"。实验二的结果与实验一比较，除初级视觉皮层和听觉皮层外，没有发现明显的差异。实验二的结果支持和验证了实验一的结论，即颞叶后部和顶上小叶后部是与珠心算的加工相关的脑区。同时也表明，珠心算加工的神经基础取决于任务本身的性质，而与任务呈现的方式无关。

在这些实验的基础上，她们利用功能连接方法考察珠心算组和对照组在复杂心算加工过程中多个脑区的相互作用。研究发现，两组人左侧顶上小叶在脑网络中都占主要作用，在珠心算组中右侧顶上小叶也是网络中的一个重要结点，而在对照组中左侧额下回则是普通心算网络中的另一个重要结点。这些结果表明，珠心算和普通心算的神经网络及脑区间的功能连接强度是不同的。

她们又考察珠心算训练和儿童脑的可塑性的关系，主要从以下两方面进行了探讨：(1) 珠心算训练对心算时脑激活模式的影响，(2) 珠心算训练对儿童心算网络有效连接的调节。

她们观测珠心算训练过的儿童（实验组）和未经珠心算训练过的普通儿童（对照组）在完成相同的两位数加法任务时活动脑区的差异（包括激活模式和激活强度），从而探讨珠心算训练对儿童大脑活动的影响。她们发现，在进行相同的两位数加法加工中，实验组和对照组有类似的激活脑区，但是和对照组相比较，实验组参与的脑区的数量和激活强度明显地减少。这个实验的结果表明，珠心算训练使儿童在进行两位数加法时，脑的激活模式发生了变化。

珠心算训练过的儿童在进行两位数心算时激活脑区的模式发生了变化，那么这些相关脑区之间或者网络内部是否也发生了变化呢？她们利用结构方程模型对相关脑区进行有效连接的分析，探讨珠心算训练对心算相关网络的影响。结果表明，经过珠心算训练，心算网络内部的连接强度和方向都有很大的变化。她们认为，脑激活模式和网络连接的变化可能是由于长期的训练使心算网络内部结构发生调整，使珠心算儿童在进行心算加工时更加高效，使他们在完成相同的任务时所占用的资源更少。

总之，通过以上实验研究，并结合各种数据分析方法，她们观测到以下现象：（1）珠心算的神经基础有别于普通心算，这为数字认知加工理论提供了补充。（2）在珠心算的加工过程中，采用了视觉空间表征，经典的语言区域没有参与珠心算的加工，而普通心算加工则更多采用语言表征；颞叶后部和顶上小叶后部可能和珠像的操作有关。这提供了一个启示：珠心算训练可能为语言区域受损而导致的计算能力缺失的康复提供一个途径。（3）在视觉刺激和听觉刺激的条件下，珠心算激活的脑区是非常相似的，这表明珠心算的神经基础取决于任务本身的性质，而与任务呈现的方式无关。（4）长期的珠心算训练会对儿童大脑发育和发展产生影响，这种影响主要体现在珠心算训练使儿童心算的激活模式和激活强度发生改变，使心算相关的脑网络的连接强度和连接方式发生变化。

此外，有研究者对棋类比赛时的脑活动进行过实验，包括国际象棋和围棋等。如 Atherton 等（2003）进行过国际象棋的 fMRI 脑成像，Chen 等（2003）进行过围棋的 fMRI 脑成像。Bilalic 等（2007）还研究过国际象棋技能和智能的关系。

　　还有实验用脑电技术研究过与智能活动有关的脑电（EEG）和事件相关电位（ERP）（Barry et al 2005, Thatcher et al 2005）。在 ERP 实验中，测量受试者在完成认知任务时多种 ERP 成分如 P3、P225、P600 及 N370、N380 波的特性，研究 ERP 各种参量与受试者智力测验得分的关系。例如：实验测量过儿童完成几种视觉搜索任务时 ERP 的 P3、P600、N370 波的特性。实验结果表明，ERP 成分的潜伏期与智力测验得分呈负相关，而且智力测验得分高的儿童，ERP 成分的幅度大（Zhang et al 2006）。实验结果可以用神经效率的观点来解释。按照这种观点，智力与脑的工作效率有关，智力测验得分高的儿童能更有效地利用脑，完成任务时相应的 ERP 成分的潜伏期短（Robaey et al 1995）。此外，实验研究儿童完成不同复杂程度的选择任务时 ERP 的 P225、N380 波的特性，也得到类似的结论（Zhang et al 2007）。

二、智能的心理过程

　　与智能有关的各种心理过程都基于脑的四个功能系统的活动以及它们的协同工作。下面按脑的四个功能系统，分别介绍几种主要的智能成分的特点，如觉醒—注意能力、认知能力、情感能力、意志能力等。

　　觉醒—注意能力包括觉醒能力和注意能力，它们主要基于脑的第一功能系统的活动。觉醒能力是维持和控制觉醒状态的能力。觉醒是智能活动的基础，个体接受和加工信息，需要有合适的觉醒状态，如果觉醒程度过低或过高，都会影响智能活动。

　　注意能力是个体使自己的心理活动对一定对象指向和集中的能力。它首先表现为注意指向能力：个体能够选择性地注意外界环境中的某些事件，从而从外界环境中获取有用的信息，同时忽略外界环境中无用的信息。

人的认知过程是有选择性注意参与的主动过程。个体不是被动地接受外界环境的所有信息，也不是被动地反映外界环境中的全部事件，而是主动地获取外界环境中有用信息并且主动地对它们进行加工和重建。

实验表明，注意对个体的主观感受有增强或抑制的作用。例如：当受试者对相同的刺激给予不同程度的注意时，会产生不同强度的主观感受；而当受试者对不同强度的物理刺激给予不同程度的注意时，却可能产生相同强度的主观感受。

注意能力还表现为集中注意的能力：个体在选择了注意目标后，能够控制自己的注意，使注意朝向和集中于所选择的事物。注意能力强的人能高度集中注意，专心从事和完成工作；而在面对几个必须同时执行的任务时，又善于分配注意资源，很好地完成这些任务。

认知能力是智能的重要成分，包括感知觉能力、记忆能力、思维能力等，它们主要基于脑的第二功能系统的活动。认知能力是个体认识客观事物和认识自己的能力，包括从客观事物或自身获取信息的能力，对信息进行接受、加工、储存、提取和利用的能力，以及在脑内对客观事物和自我构建模型的能力等。

感知觉是认知的基础。个体的认知是从客观事物的物理刺激产生的主观感受开始的，这些感受是个体对物理刺激的内容和性质的主观体验。个体对环境的感知，是脑对选择性获取的外界环境的信息进行加工和重建的结果。

感觉能力是客观事物作用于感觉器官，在脑内产生对事物个别属性的认识的能力；知觉能力是根据客观事物的有用信息，在脑内产生对事物整体认识的能力。下一节中还将从感觉器官方面说明感觉能力。

感知觉能力强的人，对客观事物，特别是客观环境中的新事物，具有敏锐的感受，能够根据多方面现象得到对事物的整体认识，还能够正确地认识复杂事物而排除各种假象。个体的感知觉能力可以通过训练得到提高。

记忆是认知的重要方面。在记忆过程中，脑对外界输入信息进行编码和存储；在回忆时，从记忆库中提取存储的信息。按对信息保持时间的长短，记忆分为感觉记忆、短时记忆和长时记忆。短时的工作记忆对当前信息进行加工。长时记忆对信息进行长时间存储和加工，长时记忆包括情景记忆和语义记忆。在记忆过程中，个体脑内不是对记忆项目作简单的堆积，而是对项目及其关联资料如情景、过程等构建模型，形成自己的有组织的记忆库。

记忆能力是个体脑内保存信息和再现经验的能力。记忆能力包括感觉记忆能力、短时记忆能力和长时记忆能力。记忆能力强的人，脑内记忆的项目多，记得牢固。记忆能力不但表现为正确和良好的储存，而且表现为正确和有效的提取，记忆能力强的人在回忆时易于正确地提取记忆项目。

将记忆信息组成组块，可以扩充短时记忆的容量。对记忆项目意义的正确理解，有助于良好的长时记忆。练习可以提高记忆能力，例如：复述能够增强短时记忆，反复学习能够加深长时记忆等。陈飞燕等(2009)曾经对儿童短时记忆容量进行过以下测量。受试儿童包括经过3年珠心算训练的一组儿童和未经珠心算训练的一组儿童。实验时给出一串无规则的数字或字母，要求受试者背数字或字母，记录其正确记住的数字或字母的最大个数。实验结果是，珠心算组儿童能记住数字的最大个数为 9.0 ± 1.1，字母的最大个数为 4.8 ± 0.5；未经珠心算训练组儿童能记住数字的最大个数为 7.4 ± 1.3，字母的最大个数为 4.0 ± 0.5。

脑在感知觉和记忆的基础上进行信息加工，包括各种信息的获取、储存、传输、利用等。脑内的认知过程可以用信息加工和意识活动间的耦联来描述。

思维是在意识活动参与下，脑对信息进行分析、综合、比较、抽象和概括的过程。思维能力是个体正确进行思维活动和得到思维结果的能力。分析和综合能力、理解能力、抽象能力、推理能力、想象能力等都属于思维能力。抽象、推理的能力和解决问题的能力是智能的重要方面。

心理旋转是通过心理活动对脑内表象进行旋转操作的过程，具体可参见本书附录四中的介绍。陈飞燕等（2009）曾经对珠心算儿童进行心理旋转的实验。实验时在屏幕上呈现两个图形，其中一个图形经转动一定角度后可能和另一个图形重合，也可能不重合；采用两种图形，一种是符号图形，另一种是大写的英文字母 F。受试者通过心理旋转操作，判断这两个图形是否重合，实验测量其判断的反应时间。受试者是 60 名小学五年级学生，其中 30 名是珠心算组儿童，另外 30 名是未经珠心算训练的儿童。实验的结果是，不论呈现符号图形还是英文字母，也不论转动角度大小，珠心算组儿童作出正确判断的反应时间都比未经训练的儿童短。

计划能力和意志能力是智能的重要成分，它们主要基于脑的第三功能系统的活动，这个系统具有编制行为程序、调节和控制行为的功能。环境的各种刺激在个体脑内产生主观体验，它们会导致个体的意向。个体不断对环境信息进行分析，根据当前的情况和过去的经验，对事件的发展作出预测，提出各种可能性，并且在实践中加以检验；个体还根据情况制订自己的行动目标和行动规划，并且随着情况的变化而调整原有的计划。

计划能力是个体提出目标，制订计划，并且进行调节控制的能力。计划能力与注意能力、记忆能力、思维能力、评估能力等许多具体能力有密切的关系。计划能力强的人能够制订切合实际的行动计划，能够不断提出新的目标并加以实现。计划能力可以在实际工作中培养和发展。

意志能力是个体坚持达到目标的能力，包括确定目标后为实现目标而支配、调节行动的能力，以及坚持目标和克服困难的能力等。意志能力强的人有毅力和勇气，能够不断努力，排除干扰，去达到目标，完成任务。崇高的理想使人坚强。个体的意志能力要在实际锻炼中培养和发展。

评估能力和情感能力也是智能的重要成分，它们主要基于脑的第四功能系统的活动，这个系统具有评估信息和产生情绪体验的功能。

在许多智能活动中普遍存在评估过程。在脑内评估结构的基础上，个体根据过去的经验和当前的需要，形成评估的标准；评估系统将输入信息的意义与评估的标准进行比较，从而得到评估的结果；根据评估的结果，个体对信息按其重要的程度决定取舍和处理，并且对可能的反应作出抉择；经过评估和抉择作出的决定，通过脑内调节和控制的功能系统对机体状态进行调控，并且对外界环境作出反应（黄秉宪 2000）。评估能力是个体对客观事物进行评估和抉择的能力，包括形成评估标准的能力，对信息意义进行比较的能力，对可能的反应作出抉择的能力等。脑内评估系统具有可塑性，个体的评估能力随着学习和实践过程而逐步形成，并且不断发展。

情绪和情感是个体对客观事物的态度体验。心理学中把时程较短的感情称为情绪，把长时程稳定的感情称为情感。脑对信息的意义进行评估，由此会产生情绪体验。符合个体需要或愿望的信息，评估结果是肯定性的，会产生正的情绪体验；不符合个体需要或愿望的信息，评估结果是否定性的，会产生负的情绪体验。

情绪和情感对智能活动有广泛的影响。例如：情绪和情感会引起个体觉醒程度的改变，以及选择性注意的变化；情绪和情感会对脑内信息加工起调节和控制作用，从而影响认知的内容和认知的效率；情绪和情感也会影响意向的形成和发展，等等。

情感能力是个体产生和调节情绪的能力，如产生对事物的态度和体验的能力，认识和控制情绪的能力等。情感能力强的人能够正确地感知、理解、并进一步控制自己和他人的情绪。Salovey 等（1990）、Goleman（1995）等对情感能力进行过研究。

下面讨论意识活动。智能和意识有紧密的关系，意识活动包括有意识活动和无意识活动（唐孝威 2008a）。《意识论——意识问题的自然科学研究》（唐孝威 2004）一书中指出，作为复杂心理现象的意识是有内部结构的，意识有四个基本要素，即意识的觉醒要素、意识的内容要素、意识的指向要素和意识的情感要素，这四个意识要素及它们之间的相互作用构成了意识整体，而且意识四个要素的结构与脑的四个功能系统的组织具有统一性。

在讨论智能时，必须考虑意识活动的重要作用。以智能成分中的认知能力为例。在认知过程中，脑内存在着信息加工，同时存在着意识活动，信息加工和意识活动是紧密耦联的。在认知过程中，意识活动有许多表现，如个体对物理刺激的主观感受、个体对信息意义的主观理解、个体对事件信息的主观评估、个体对认知过程的主动调控等。在认知过程中，信息加工与意识活动同时进行并且互相交叉，信息加工引起意识活动，意识活动指导信息加工，两方面耦联而完成认知过程。我们曾经提出认知的信息加工与意识活动耦联的模型（唐孝威 2007），本书附录七有这方面的简单介绍。

脑内有意识的信息加工是进入个体意识、被个体觉知的信息加工，它们是外显的认知活动；脑内无意识的信息加工是不进入个体意识、不被个体觉知的信息加工。脑内有许多信息加工过程，由于相应的脑区激活水平较低，不能达到意识阈值而不能进入个体意识。虽然无意识的信息加工不被个体觉知，但它们也参与认知，是内隐的认知活动。

第二节　智能的外部实现

从心脑系统外部看，心脑系统处于身体中，心脑系统是身体的一部分，而身体又处于自然环境和社会环境中。心脑系统和各种外部因素不断相互作用。

这一节着重在行为和环境方面介绍智能的实验事实，包括智能的行为表现及智能和环境作用。

一、智能的行为表现

智能活动包括心智活动和行为活动，许多智能活动不仅是心脑系统的内部活动，而且是通过身体行动实现的外部活动。因此，智能不仅是心智的能力，而且是行为的能力，心智能力和行为能力结合在一起，两者缺一不可。

许多心理学家通过行为研究智能，积累了智能的行为表现方面的许多实验事实。行为能力包含多种成分，下面说明行为能力的几种成分，如感觉能力、运动能力、操作能力等。

智能活动以中枢神经系统为基础，依赖于脑的功能；此外，智能还和身体的周围神经系统有关。在身体器官中，感觉器官和运动器官分别是心脑系统的输入界面和输出界面。上一节从心理过程方面介绍过感知觉能力，这里则从感觉器官方面说明行为能力中的感觉能力。

感觉器官是身体的重要器官，包括内部感觉器官和外部感觉器官。内部感觉器官有内脏感觉和平衡觉等功能，外部感觉器官如眼、耳、鼻、舌、身等，分别有视觉、听觉、嗅觉、味觉和肤觉等功能。感觉系统中这些相对独立又有联系的不同的感觉通道，分别接受和处理外界环境中不同的物理刺激的信息，然后不同感觉通道的信息再在脑内进行整合。

外界环境的物理刺激不直接作用于脑，而是先在感觉器官中转换成神经信号，然后分别投射到大脑皮层感觉区的特定代表区。感觉器官是身体内外环境之间相互作用的输入界面，在输入界面处，发生外界环境信息的获取、编码和传输等过程。

从感觉器官方面看，感觉能力是个体感觉器官反应的能力。感觉反应属于行为活动，感觉能力强的人的感觉灵敏度高，感觉分辨率好。感觉器官反应的能力主要决定于个体的生理条件；经过训练，可以在一定程度上提高这些能力。

下面从运动器官方面说明行为能力中的运动能力。运动器官是身体的重要器官，身体运动必须有身体的肌肉和骨骼参与，运动过程还与中枢神经系统和周围神经系统有关。

身体运动是包括运动规划、准备、控制、执行等许多功能的主动活

动 (Andersen et al 2009)。当脑内产生动作意向后，大脑皮层运动系统发出准备运动和执行运动等神经信号，它们传递到身体的相关运动器官，实施动作。运动的控制很复杂，与作业的种类、运动的方向、施力的大小以及运动的精细程度等因素有关 (Rothwell 1995)。运动器官是身体内外环境之间相互作用的输出界面，在输出界面处，发生神经信号支配肌肉运动的过程。

从运动器官方面看，运动能力是个体运动器官活动并完成运动任务的能力。运动过程属于行为活动，运动能力强的人在运动速度、运动的灵活性、准确性和耐久性等方面各有特长。运动器官活动并完成任务的能力主要是由个体生理条件决定的；在个体原来的基础上，运动能力可以通过有计划的训练而在一定范围内提高。

技能操作是一种重要的行为活动，在技能操作中用一定的技术完成给定的作业。操作能力是个体制造和操作工具、进行技能活动的能力，包括制造和操作工具的能力，以及完成技能活动的能力等。操作能力也表现为完成作业的熟练程度。

脑功能成像实验表明，技能操作是由脑内许多相关脑区和通路协同工作并指挥动作而实现的，有前扣带回、侧额叶、颞叶、小脑等脑区参与 (Raichle et al 1994，Karni et al 1995，Posner et al 1996)。个体在技能操作中，完成一次作业需要一定时间。操作能力强的人，能够熟练地操作并正确完成作业，完成一项技能操作作业需要的时间短。经过长期的练习，可以提高操作能力。在行为水平上对技能学习进行过许多实验，实验结果表明，同一个人在技能操作不熟练时，完成一次作业所需的时间长，在长期练习后技能操作熟练，完成一次同样的作业所需的时间缩短。Newell 和 Rosenbloom (1981) 曾定量测量过运动技能和认知技能在学习过程中"连续增速"的现象。他们根据实验数据，给出同一个受试者进行同一种技能操作，完成一次作业所需的时间和练习量之间的经验公式。本书附录四中对此有简短的介绍。

人的技能操作的长期练习导致完成作业的自动化，这是一种重要的行为现象（Carlson 1997）。这种行为现象的神经基础是脑的可塑性。在《脑功能原理》（唐孝威 2003）一书中，我们曾提出一个技能学习的模型，来定量解释技能练习的特性。

上一节说明了注意能力、认知能力、情感能力、意志能力等心智能力，这一节说明了运动能力、操作能力等行为能力。这些心智能力和行为能力之间有密切关系，内部的心智活动通过行为而在外部实现，外部的行为又影响内部的心智活动，它们是结合在一起的。

二、智能和环境作用

人总是处于各种环境之中，并和环境不断地相互作用。对个体来说，所处的环境有自然环境、生活环境、劳动环境、社会环境、文化环境等。

自然环境是个体周围的自然条件。人的生活需要空气、水、阳光、食物等，若空气污染、水污染、食物污染、噪声污染，都会危害人的身体健康，也会危害人的智能。

个体有居住和交通等生活环境，有工作场所和设备等劳动环境，个体还处于家庭、团体、社会等社会环境中，以及历史、文化等文化环境中。良好的环境能保证良好的生活、学习和劳动，人与环境的和谐有利于人的智能活动。

智能和环境是相互作用的，环境影响人的智能活动，人的智能活动改变环境。第一节中已经提到，个体脑的发育既受先天遗传因素的作用，又受后天环境因素和实践活动的作用；个体的智能是在遗传基础上，在环境中通过学习和实践活动而发展的。

在环境与智能的关系方面，曾经进行过许多实验研究，如早期环境对婴幼儿智能发展影响的研究，家庭教育、家庭结构、家长受教育程度等对儿童青少年智能发展影响的研究，智能发展敏感期（即关键期）的研究，以及学校教育对青少年智能发展影响的研究等。这些研究提供了许多资料。

教育是提高智能的重要途径。在学校中，通过有目的、有计划、有系统的教育以及学生的自觉学习，培养学生的道德品质，给学生传授知识技能，发展学生的身心素质。学校以外的家庭教育和社会教育同样深刻影响儿童青少年智能的发展。创造人人努力学习、奋发向上、团结友爱、朝气蓬勃的社会风气，对儿童青少年的成长至关重要。

在教育实践中，家长和教师要有科学的教育方式，同时要培养学生的学习主动性。丰富的环境和自主的活动有利于儿童青少年智能的发展。教育家们倡导"做中学"等学习方式，收到良好的效果（韦钰等2005，查建中等2009）。

除前文介绍的几种行为能力外，行为能力还表现为个体和环境作用的能力。下面从智能和环境作用的角度说明行为能力的几种成分，如适应能力、社会能力等。个体在环境中活动，并认识环境、适应环境和塑造环境。个体和环境和谐相处与协调发展，使智能在环境中得到外部实现。

适应能力是个体适应环境的能力，是个体与所处环境和谐相处与协调发展的能力，它涉及的具体能力有：认识环境的能力、适应环境的能力、塑造环境的能力等；这些适应能力包括适应自然环境的能力和适应社会环境的能力。

心理学研究中提到感觉器官的适应性：在视觉、嗅觉、触觉等各种感觉通道中，在物理刺激的种类和强度固定的条件下，感觉系统的接受灵敏度会随时间而改变。本书附录四中对此有介绍。这种适应性主要是由感觉系统的生理特性决定的，它们是最简单的适应行为。个体对环境的适应比感觉器官的适应性复杂得多。个体不是被动地适应外界环境，而是主动地从经验中学习，并且调整和改善自己，同时还主动地调整和塑造环境。

根据 Piaget（1983）发生认识论的观点，个体在认识环境的过程中，形成自己的认知结构。个体的心理反应是通过适应达到个体与环境的平衡。适应包括同化和顺应，同化是把新的信息纳入已有的认知结构之中，顺应是改变已有的认知结构，来适应新的环境。

根据 Sternberg（1985）三元智力理论中智力情境亚理论，适应使个体与环境达到和谐。在日常生活中，智力表现为有目的地适应环境、塑造环境和选择新环境的能力，它们称为情境智力。这种理论强调，个体不只是适应现存的环境，而是会重新塑造环境。

根据 Brooks（1999）情境认知理论，个体处在直接影响其行为的情境之中，个体的脑与环境间存在实时的作用。情境认知包括自然情境认知，也包括社会情境认知。在个体的实践活动中，个体与环境耦合在一起，知觉和动作紧密联系，动作要通过知觉来协调，知觉又是动作导向的。

适应能力强的人能够分析和了解环境，根据实际情况调整自己和改变环境，促进个体与环境的和谐与发展。在实践过程中自觉学习可以提高适应能力。

个体是家庭、团体、社会的一员。社会能力是个体在社会生活中解决问题的能力，也是在社会活动中建设和谐集体的能力。社会能力包括人际能力、管理能力、表达能力等，上面提到的适应社会环境的能力也是社会能力的一种。

Keating（1978）提出过社会智力的概念。在 Gardner（1983）多元智力理论中，人际交往智力或称社交智力是多元智力的一种，它是理解别人的行为、动机或情绪，善于与他人交往而且能够与他人和睦相处的能力。Cantor 等（1987，1994）提出人格的社会智力理论，认为社会智力是有效地和他人互相交流的能力。Ford（1994）和 Frith 等（1999）也研究过社会智力，提出这是个体了解自我在社会中的位置，向他人学习并向他人传授新技能的能力，是了解他人心智状态和改变他人行为的能力。Frith 等（1999）还研究过与社会智力相关的脑机制。

人际能力是个体处理人际关系的能力，它是个体进行社会活动必须具备的能力。对团体的每个成员来说，要有合作精神，互相关心，互相帮助，与其他成员为实现共同目标而协调地工作；对团体的负责者来说，要善于处理人员的合作关系，正确处理人员之间关系的各种问题。人际能力和情感能力有关，例如 Goleman（1995）说，情绪智力是有助于人际关系和谐并能促进个体在未来工作中变得更有价值的一种能力。

管理能力是在团体或部门中进行管理和组织的能力。以产业部门的生产管理工作为例，包括组织劳动生产，进行科学调度，提高生产效率，开展技术革新，制造优质产品等。团队管理者的管理能力表现为组织科学规划，精心指挥实施，发挥团队中每个成员的积极性、创造性和业务特长，使团队成为团结和谐的集体，能够高效率地工作。

表达能力是了解他人思想和向他人正确表达自己思想的能力。对社会中每个成员来说，表达和交流能力都是必需的。语言和文字是个体与他人进行交流的工具，现代通信技术为人际表达和交流提供了更为方便、快捷的手段。个体要通过表达和交流，了解他人的想法，并向他人说明自己的想法，才能与他人互相理解、和谐相处。

文化对智能有重要的影响。个体所处的社会环境包括政治和经济环境，以及历史和文化环境。个体的智能是在特定的文化环境中发展的，无不带上文化的色彩。例如，中华民族的悠久文化，造就了中国人的智慧。

Sternberg（1982）认为，智能研究者需要理解在特定社会文化情境中环境是如何塑造智力结构，以及智力结构是如何塑造环境的。一些学者研究过文化与智能的关系。Berry（1974）指出，对智能的理解存在文化差异，例如在不同的文化中，关于怎样才算"能干"的观点有所不同，因此不能脱离人们所处的文化背景来讨论智能。Wagner 等（1978）的研究表明，不同文化的人的回忆内容与其文化背景相关。Ceci 等（1986）研究过文化背景对儿童完成不同作业的影响。

对个体来说，应当认识自己的文化环境，如本土文化的历史、现实和未来，同时也要学习不同的文化，以便丰富自己的知识，并且有效地和不同文化背景的人合作共事。这一类能力称为文化能力，它是可以通过学习来获得和发展的。

第三节　智能的定量研究

提到智能的定量研究，人们就会想到定量的智力测验。其实，智能定量研究的范围很广，定量的智力测验只是智能定量研究的一个方面。

这一节先说明智能的定量描述，讨论与智能有关的心理量、生理量、行为量，以及定量的心理定律和行为定律，然后简单介绍智力测验和智能模型。

一、智能的定量描述

智能的定量研究就是在数量方面研究智能成分、智能成分间的关系，以及智能活动过程的特性，并用数字或数学公式来表示这些特性，了解它们的定量规律。

从智能包含的各种能力来看，它们有性质方面的属性和数量方面的属性。了解智能现象，不但要研究各种能力在性质方面的属性，而且要研究各种能力在数量方面的属性，用数字或数学公式表示这些数量特性。

下面举几个具体例子，如感觉能力、知觉能力、情感能力等，来加以说明。

以感觉能力为例，人有不同种类的感觉，如视觉、听觉、嗅觉、肤觉等，能够感受到不同性质的物理刺激，这些不同的感觉能力有性质的区别。一种物理刺激引起相应的主观感受，当物理刺激的强度不同时，产生不同程度的主观感受，它们有数量的差别，这可以用数字来表示；当物理刺激的持续时间不同时，产生不同长短的主观感受，它们有数量的差别，也可以用数字来表示。此外，各种感觉能力都有个体差异，如对同一种物理刺激，不同个体感觉的灵敏度和分辨率都有数量方面的差别，它们也可以用数字来表示。

以知觉能力为例，人有不同种类的知觉，如对物体的空间知觉和对事件的时间知觉等。人感知不同空间特征的物体时，对这些物体的知觉体验不但有性质方面的区别，如物体的形状的区别；而且有数量方面的差别，如对物体大小的估计等，这可以用数字来表示。人感知不同时间特征的事件时，对这些事件的知觉体验不但有性质方面的区别，如事件在时间上的顺序的区别；而且有数量方面的差别，如对两个事件间隔时间长短的估计等，这也可以用数字来表示。此外，各种知觉能力都有个体差异。人的知觉过程不是被动地记录物理刺激的特性，而是在自己过去知识和经验基础上，由物理刺激产生的多种感受主动地建构认知模型，并且理解其意义。

再以情感能力为例，人有不同种类的情绪，如喜、怒、哀、乐等，而且情绪有不同的程度。个体能够识别自己及他人的情绪，包括这些情绪的种类和程度。也就是说，个体对自己及他人情绪不但有性质方面的识别，如高兴的情绪或愤怒的情绪；而且能在数量方面识别，如一般的情绪或强烈的情绪等，这些不同的程度可以用数字来表示。由于个体过去知识和经验的不同，对同一种刺激，不同的个体对自己及他人情绪的识别会有性质和数量方面的差别，数量方面的差别可以用数字来表示。

同样，从智能活动的过程来看，它们也有性质方面的属性和数量方面的属性，需要研究智能活动的各种过程在数量方面的属性，用数字或数学公式表示这些数量特性。

智能的定量研究有许多不同的形式。例如，用数字表示一些能力的数量特性，或用数学函数表示一些能力之间的数量关系，或用数学公式描述一些智能过程的数量规律，或用模型来模拟一些智能活动的数量性质，等等。

在智能的定量研究中，要用各种与智能活动有关的特征参量来定量描述智能活动，包括心智活动和行为活动。要用一些特征参量定量描述各种心智活动特性，称为心理量。还用一些特征参量定量描述各种行为活动特性，称为行为量。智能活动和脑与身体的生理过程有紧密的联系，可以用一些特征参量定量描述与智能活动有关的脑生理活动以及身体的生理活动。脑的某些生理量是描述与智能活动有关的脑的生理活动特性的、可以量化的特征参量，身体的某些生理量是描述与智能活动有关的身体的生理活动特性的、可以量化的特征参量。

与智能活动有关的心理量是多种多样的。心智活动包括许多成分，如认知成分、情感成分等，它们还分别有其组成部分。因此，从心理量来说就有认知心理量、情感心理量等，以及它们的组成部分的各种心理量，其中每种心理量都是可以量化的特征参量。

心智活动的各种成分都有相应的能力，如认知能力、情感能力等，它们也分别有其组成部分。因此，从心理量来说就有认知能力心理量、情感能力心理量等，以及它们的组成部分的各种能力的心理量，其中每种心理量都是可以量化的特征参量。

我们在《心智的定量研究》（唐孝威等 2009）一书中，对心理量和物理量之间的区别进行过讨论，提出心理量的一些特点。

1. 关于心理量的量度

描述心智活动主观感受的心理量，是不能用物理仪器或工具直接进行测量的。既没有客观的测量工具，也没有绝对的标准和确定的单位。但心理量是可以量度的。可以用比较方法对心理量的数值进行估计。在估计时要有同一类主观感受的参考值，通过与之互相比较，相对于参考值而得到心理量的数值。如果没有参考值就给不出定量判断，但参考值并不是绝对标准。

2. 关于心理量估计的主观性和相对性

心理量的估计是主观的。心理量数值的估计，是个体根据自己的主观感受给出的估计。估计时所用的参考值是个体主观感受的参考值，在比较时还要由个体自己作出数量的判断，因而这种估计具有主观性。

同时，心理量的估计是相对的。心理量的数值不存在绝对的标准，对心理量的数值只能进行相对的估计，因而心理量的估计值具有相对性。对心理量的数值只能给出相对值而不是绝对值，而且心理量也没有确定的单位。

心理量是可量度的，心理量的值又有不确定性。对心理量数值进行估计，可以给出大致的数值和区间范围。

3. 关于心理量估计的个体差异与情境差异

由于个体生理和心理条件不同，而且在对心理量数值进行估计时不存在绝对的标准，不同的个体对同样的物理刺激产生的主观感受的心理量的估计，会有很大的个体差异。而且在不同的情境下，同一个个体对同样的物理刺激产生的主观感受的心理量的估计，也会有很大的、依赖于情境的差异。

与智能活动有关的行为量也是多种多样的。行为活动有许多成分，如操作成分、社会行为成分等，它们还分别有其组成部分。因此，从行为量来说就有操作行为量、社会行为量等，以及它们的组成部分的各种行为量，其中每种行为量都是可以量化的特征参量。

行为活动的各种成分都有相应的能力，如操作能力、社会能力等，它们也分别有其组成部分。因此，从行为量来说就有操作能力行为量、社会能力行为量等，以及它们的组成部分的各种能力的行为量，其中每种行为量都是可以量化的特征参量。

和心理量相比，行为量具有不同的特点。心智活动是个体脑内的主观现象，心理量描述心智活动的特性，而内部的主观感受是不能直接测量的。行为活动是个体的外部行动，行为量描述行为活动的特性，而外部的行动是可以用仪器直接测量的，例如常用仪器测量个体进行某个任务的反应时间和完成任务的正确率，它们都是可以测量的行为量。

智能活动是有规律的，它们可以用定律来描述。与智能有关的定律中有定性的定律和定量的定律，其中定性的定律是描述智能活动的性质方面的定律，这些性质可以用陈述说明而不需用数字表示。定量的定律是描述智能活动的数量关系的定律。定性的定律并不涉及智能活动的数量关系，用它们不能说明智能活动的数量关系。为了了解智能活动的数量关系，需要进行智能的定量研究。

我们在《心智的定量研究》一书中，讨论过一些定量的心理定律和行为定律，其中有一部分定量的定律是与智能活动有关的，它们可能有助于了解智能活动的特性，因此本书附录四对它们进行简单介绍。

在这些定量定律的数学公式中，有各种比例系数。不同个体的心智或行为，可以用有关的数学公式描述。但是由于个体间智能水平的差异，这些数学公式中的比例系数的数值，对于不同的个体是不同的。确定不同个体具有的比例系数的值，可以反映相关的智能活动中的个体特性。

可以从多个方面进行智能的定量研究。在实验方面，对与智能活动有关的特征参量进行量度，如对心理量进行估计，得到定量的估计值，或对行为量进行测量，得到定量的测量值；可以研究与智能活动有关的特征参量之间的数量关系，也可以用各种量表进行智力测验。在理论方面，可以得到定量的数学公式。在计算方面，可以用各种模型来模拟心智活动和行为活动，得到定量的计算结果。

二、智力测验

智力测验是测量智力水平的一种方法，但并不是定量研究智能的唯一方法。

1905 年 Binet 和 Simon 首次发表智力测验量表，用来测量儿童智力的高低（Binet et al 1916）。

1949 年起，韦克斯勒先后编制了几种智力测验量表，用来测量范围较广的能力，称为韦氏量表。韦氏量表有分量表，分别测量言语能力和操作能力。其中言语分量表包括以下一些项目：常识、找出两物相同点、算术、词汇、理解等，用它们来测量言语能力。操作分量表包括以下一些项目：完成图画、整理图片、积木、组合图像、译码等，用它们来测量操作能力。

后来人们又发展了一些更精细的量表，分别测验不同的能力，如知觉能力测验、记忆能力测验、抽象思维能力测验、创造性思维能力测验及各种特殊能力测验等。

在各种智力量表的测验中，测量个体完成某种测验的作业成绩，由作业成绩计算得到的分数称为智商。传统心理学把智商当做衡量智力的定量指标，用来表示智力的高低（Stern 1914，Terman et al 1937）。韦氏量表分别给出言语智商和操作智商。

后来有学者提出许多不同种类的"商"，例如"情商"（Salovey et al 1990）和"行商"（吴祖仁 2009）等概念。情绪智力是个体监控自己及他人的情绪和情感，并且识别和利用这些信息指导自己的思想和行为的能力，"情商"是情绪智力高低的指标。"行商"是个体在行为、操作、技术、技巧、创造力、实践力等方面的品质的评价指标。

本书附录五有关于智力测验的简单介绍。

三、智能模型

模型是对真实对象和真实关系的抽象、简化和近似描述。智能模型是在对现实的智能系统进行分析的基础上，建立简化的模型，模拟一些智能活动的数量性质，给出这些智能活动的近似的、定量的描述。

前人曾经提出过许多心理模型，来模拟各种不同的心理过程，如视觉模型、听觉模型、汉字识别模型、长时记忆模型、认知加工模型、自然语言处理模型、情感计算模型等（唐孝威等 2009）。这些心理过程都和智能活动有关。

现有的许多智能模型属于智能的认知加工模型，它们并不模拟脑的神经生物学机制，而仅仅模拟认知加工的过程，但认知加工过程只是智能活动的一部分。下面简单介绍两种智能的认知加工模型。

SOAR 模型是智能的认知加工模型，它是状态、操作和结果（State, Operator And Result）的缩写。1972 年，Newell 和 Simon（1972）在《人类的问题解决》一书中提出认知的物理符号系统理论。他们认为，认知活动是以物理符号表征的，个体对表征进行计算，认知过程是在离散的时间按一定规则对这些物理符号进行计算操作。SOAR 模型是物理符号系统理论的发展。

后来 Newell（1990）在《认知统一理论》一书中说明了认知科学的基础，分析了人类认知的层次性构建，讨论了智能的符号加工，提出了认知的计算机模型，即 SOAR 模型。

Newell 认为，按照认知加工的时间尺度，认知过程有以下三个方面：即时行为，记忆、学习与技能，以及有意向的理性行为。他对这三个方面分别进行了讨论。在介绍 SOAR 模型后，他还讨论了如何把 SOAR 模型应用于说明认知这三个方面的符号加工过程。

ACT-R 模型是另一个智能的认知加工模型，它是理性思想的适应性控制（Adaptive Control of Thought-Rational）的缩写。Anderson 和 Bower（1973）在《人的联想记忆》一书中讨论人的联想记忆（Human Associative Memory，HAM）时提出知识表征与信息加工模型。他们的基本观点和上述 Newell 的观点类似。ACT-R 模型是 HAM 模型的发展。

在 ACT-R 模型中，智能是由许多专一性的模块组成的，其中有知觉模块如识别物体的视觉模块，运动模块如控制动作的操作模块，还有负责跟踪当前目标和意图的目标模块，以及从记忆中提取信息的模块等。此外，有产生式系统即中央生成系统，负责各个模块之间的行为协调。许多模块通过产生规则整合在一起，产生统一的认知（Anderson et al 2004）。

在 ACT-R 模型中有两类不同的长时记忆，一类是陈述性记忆，由事实陈述构成；另一类是程序性记忆，是关于事物操作方式的知识。表征陈述性知识的单位称为知识组块，程序性知识则由产生规则来表征。

ACT-R 模型主要应用于问题解决、学习和记忆的认知建模，也应用于人机交互领域的用户认知建模。ACT-R 模型的详细资料可参见有关文献（Anderson 1983，Anderson et al 1998，2004，Qin et al 2004）。

本书附录一有关于 SOAR 模型和 ACT-R 模型的简单介绍。

第三章　智能的理论框架

前面两章分别介绍了智能研究和智能现象，这一章将阐述我们的智能理论框架。这个理论框架包括根据智能的实验事实提出的一系列观点和理论，其中有基于心理相互作用及其统一理论的广义的智能定义和智能统一研究取向、关于智能结构和智能过程的观点，以及智能集成论的理论。

第一节　智能活动中的心理相互作用

一、各种心理相互作用及其统一性

什么是相互作用？什么是心理相互作用？什么是心理相互作用的统一性？在回答这些问题之前，我们先从物理相互作用谈起。物理学研究物理世界的各种相互作用，物体间的物理相互作用常指物体间力的作用和反作用。物理世界中存在四种相互作用，它们是：引力相互作用、弱相互作用、电磁相互作用和强相互作用。这几种相互作用具有不同的特性，物理学正在研究它们的统一性。

受物理学研究各种物理相互作用及其统一性的启发，我们探讨过心理现象中的心理相互作用，在《统一框架下的心理学与认知理论》一书中提出有关心理现象中心理相互作用的各种问题，并且根据经验事实对这些问题作出回答（唐孝威 2005，2007）。

1. 在心理现象中是不是存在着心理相互作用

回答是肯定的。心理现象包括各种心理和行为。除内部的心理活动外，个体的心理现象还涉及脑、身体、自然环境和社会环境等不同层次的许多因素。心—脑—身体—自然环境—社会环境是一个统一体，在这个统一体中，心理活动和脑、身体、环境、社会等各种因素不是彼此无关，而是不断进行着相互作用。以心理活动和社会环境之间的关系为例，社会环境对心理活动有作用，心理活动对社会环境有作用，这就是它们之间的相互作用。

Kosslyn 和 Rosenberg（2003）说："心理是在大脑、人、世界这三个不同的水平上发生的事件。大脑是生物因素，人指人的信仰、愿望、感觉等，世界（及群体）是社会、文化和环境因素。这三个水平上的事件不是孤立的，而是不断进行着相互作用。"我们把心理活动内部以及心理活动和各种因素之间的相互作用称为心理相互作用（mental interactions）。

心理活动本身有各种不同的成分，如觉醒—注意成分、认知成分、情感成分、意志成分等。这些不同的心理活动成分不是彼此无关，而是不断进行着相互作用。以认知活动和情感活动之间的关系为例，认知活动对情感活动有作用，情感活动对认知活动有作用，这就是它们之间的相互作用。内部的心理活动各种成分之间的相互作用都是心理相互作用。

此外，心理活动和脑之间有相互作用，心理活动和身体之间有相互作用，心理活动和自然环境之间有相互作用，心理活动和社会环境之间有相互作用，这些都是不同种类的心理相互作用。

2. 在心理现象中存在哪几种不同的心理相互作用

心理现象中存在多种不同的心理相互作用。我们把它们归纳为：心理活动各种成分之间的相互作用、心理活动和脑之间的相互作用、心理活动和身体之间的相互作用、心理活动和自然环境之间的相互作用、心理活动和社会环境之间的相互作用等五种心理相互作用。

从心理活动本身看，心理活动有多种成分。在心理活动的各种成分之间有相互作用，其中心理活动的每一种成分和其他成分之间都有相互作用，包括心理活动这种成分对其他成分的作用，以及心理活动其他成分对这种成分的作用。这些相互作用称为心理活动各种成分之间的相互作用，简称心理成分相互作用（mental components interaction 或 mind-mind interaction）。

从心理活动和脑的关系看，心理活动是在脑内进行的，心理活动是脑的功能，脑是心理活动的基础。在心理活动和脑之间有相互作用，包括心理活动对脑的作用，以及脑对心理活动的作用。这些相互作用称为心理活动和脑之间的相互作用，简称心脑相互作用（mind-brain interaction）。

从心理活动和身体的关系看，脑是身体的器官。与心理活动相联系的各种生理信号是在身体内部的神经—内分泌—免疫系统中传递的。以神经信号为例，外界刺激使身体接收器官产生神经信号，由身体神经系统传递到脑内，引起各种感知觉；而脑输出的神经信号由身体神经系统传递身体各部分，支配身体运动器官的运动。在心理活动和身体之间有相互作用，包括心理活动对身体的作用，以及身体对心理活动的作用。这些相互作用称为心理活动和身体之间的相互作用，简称心身相互作用（mind-body interaction）。

个体处于外界环境之中，在个体的心理活动和自然环境之间有相互作用，包括心理活动通过脑和身体产生行动而对自然环境的作用，以及自然环境不断给个体各种刺激，通过身体和脑而对心理活动的作用。这些相互作用称为心理活动和自然环境之间的相互作用，简称心物相互作用（mind-environment interaction）。在生产活动中，利用工具或操作机器来制造或装配产品时，都有心物相互作用。

个体处于社会环境之中，在个体的心理活动和社会环境之间有相互作用，包括心理活动通过脑和身体产生行动而对社会环境的作用，以及社会环境不断给个体各种刺激，通过身体和脑而对心理活动的作用。这些相互作用称为心理活动和社会环境之间的相互作用，简称心理—社会相互作用（mind-society interaction）。在社会活动中，个体和他人协同工作或有效管理团体时，都有心理—社会相互作用。

3. 各种不同的心理相互作用分别具有哪些特性

这几种心理相互作用是心—脑—身体—自然环境—社会环境的统一体中不同性质的相互作用。图3.1是心理相互作用的示意图。图中画出心—脑—身体—自然环境—社会环境统一体中的不同部分以及各种不同的心理相互作用。图中框架表示心脑系统及心—脑—身系统，框架的边界表示生理的界面，双向箭头表示各种相互作用。个体处于自然环境和社会环境之中，自然环境和社会环境间有紧密的联系；为简便起见，图中没有画出它们之间的联系。

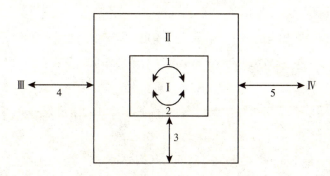

图3.1 心理相互作用的示意图

Ⅰ-Ⅱ-Ⅲ-Ⅳ是心—脑—身体—自然环境—社会环境的统一体
Ⅰ. 心脑系统，Ⅱ. 心—脑—身系统，Ⅲ. 自然环境，Ⅳ. 社会环境
1. 心理成分相互作用，2. 心脑相互作用，3. 心身相互作用
4. 心物相互作用，5. 心理—社会相互作用

这几种心理相互作用具有不同的性质，表现在：相互作用的种类不同，相互作用的空间范围不同，相互作用的时间范围不同，相互作用的途径不同，相互作用的方式不同，相互作用的结果不同，等等。

按照心理相互作用空间范围的不同，这些心理相互作用大致分为两大类：一类是心脑系统内部的相互作用，心理成分相互作用及心脑相互作用属于这一类，它们都是在心脑系统内部进行的；另一类是心脑系统和外部因素之间的相互作用，心身相互作用、心物相互作用和心理—社会相互作用都属于这一类，它们分别是心脑系统和身体、自然环境和社会环境等外部因素之间的相互作用。

虽然上述各种心理相互作用是不同层次和不同性质的相互作用，但是它们具有许多共同的特点。

心理相互作用的一个特点是作用的相互性。以心脑相互作用为例，一方面脑内神经系统的电活动和化学反应是心理活动的生物学基础，对心理活动起决定的作用，各种心理活动都有相应的脑机制；另一方面心理活动过程伴随着神经系统的电活动和化学反应，并且对脑内神经网络起塑造的作用，因此心理活动和脑之间的作用是相互的。其他几种心理相互作用也都具有这种特点。

心理相互作用的另一个特点是作用的动态性。再以心脑相互作用为例，脑内不断进行心理活动，脑对心理活动的作用以及心理活动对脑的作用使心脑系统协调地工作，脑具有可塑性，个体心理和脑内神经网络是在这种动态作用中发展的。其他几种心理相互作用也都具有这种特点。

4. 各种不同的心理相互作用间有什么样的关系

心理成分相互作用、心脑相互作用、心身相互作用、心物相互作用和心理—社会相互作用等不同的心理相互作用间的关系是它们的统一性，这种统一性表现在不同的心理相互作用都以心脑系统的活动作为基础。

心脑统一性原理指出，心脑系统是统一体，脑是心理活动的物质基础，心理活动是脑的功能。心理活动和脑不能分开，心理活动不能独立于脑之外。各种不同的心理相互作用以心脑系统为共同的统一的基点，因此它们可以在心脑统一性的基础上统一起来。

根据这些特性，我们提出了心理相互作用及其统一理论（Theory of

mental interactions and their unification)。这个理论认为：（1）心、脑、身体、环境、社会不是孤立的存在，心—脑—身体—自然环境—社会环境的系统是复杂的统一体，心理现象是在这个统一体中进行的。（2）在心理现象中存在心理成分相互作用、心脑相互作用、心身相互作用、心物相互作用和心理—社会相互作用等多种心理相互作用，它们是心—脑—身体—自然环境—社会环境统一体中不同层次、不同性质的相互作用。（3）这几种心理相互作用都以心脑系统的活动为共同的基点，因而它们在心脑统一性的基础上统一起来。（4）在复杂的心理现象中，不是只有单独一种心理相互作用，而是有多种心理相互作用的集成（即整合），个体的脑和心智是在各种心理相互作用的共同作用下发展的。

5. 心理相互作用和物理相互作用有哪些区别

将心理相互作用和物理相互作用比较，可以看到它们之间有一系列区别：

物理相互作用是物理世界中物理实体之间的相互作用。心理相互作用与它们不同，不是物理实体之间的相互作用，也不是一种物理实体的各种因素之间的相互作用，而是以脑作为物质基础的心理活动成分之间及心理活动与其他因素之间的相互作用。

物理相互作用是客观世界中物体间的相互作用。心理相互作用与它们不同，是主观的、能动的心理活动之间及心理活动与其他因素之间的相互作用，它们具有主观性和能动性；对心理活动不能进行直接的观察和测量，只能进行间接的观察和测量。

物理相互作用是基本的相互作用。心理相互作用与它们不同，心理相互作用是心理现象中的相互作用，心理现象具有复杂的结构和复杂的过程，因此心理相互作用是复杂的相互作用。

物理相互作用具有确定的性质。心理相互作用与它们不同，心理相互作用是生物长期进化的结果；对个体来说，心理活动中的各种心理相互作用在一生中是发展变化的。

二、以心理相互作用及其统一的观点研究心智和行为

心智和行为都是复杂的现象。心智包括许多组成部分，如觉醒—注意成分、认知成分、情感成分、意志成分等。行为也包括许多组成部分，如运动成分、操作成分、适应行为成分、社会行为成分等。

心智活动和行为活动是结合在一起的。心智活动主要涉及心理成分相互作用和心脑相互作用，也与心身相互作用、心物相互作用、心理—社会相互作用密切相关；行为活动主要涉及心身相互作用、心物相互作用和心理—社会相互作用，也与心理成分相互作用和心脑相互作用密切相关。

心理相互作用及其统一理论提供了研究心智和行为的观点和方法。

（1）心—脑—身体—自然环境—社会环境是复杂的统一体，心智活动和行为活动都是在这个统一体中进行的。

用心理相互作用及其统一的观点研究心智和行为，就要考察心—脑—身体—自然环境—社会环境统一体的特点，考察在这个统一体中进行的心智活动和行为活动，以及相关的各种心理相互作用。

（2）在心智活动和行为活动中存在心理成分相互作用、心脑相互作用、心身相互作用、心物相互作用、心理—社会相互作用等不同层次和不同性质的心理相互作用。

心智活动和行为活动中某一种心理相互作用，是指这些活动中心理活动之间或心理活动和某种因素之间的相互作用，包括这些活动中某种因素对心理活动的作用，以及心理活动对这种因素的作用。在心—脑—身体—自然环境—社会环境统一体中进行的心智活动和行为活动中，这些心理相互作用都是必不可少的。

将心理相互作用及其统一的观点应用于心智和行为研究，就要考察心智活动和行为活动中这些心理相互作用的具体表现。因为不同的心智活动和行为活动涉及不同的心理相互作用，它们的种类和具体的作用形式是各不相同的，所以对于某一种心智活动或行为活动，不但要研究这

种活动的特点，还要研究它所涉及的心理相互作用的种类，以及这些心理相互作用的具体的作用形式。

（3）这几种心理相互作用以心脑系统的活动作为共同的基点，它们在心脑统一性的基础上统一起来。在心智活动和行为活动中，这些心理相互作用是统一的。

用心理相互作用及其统一的观点研究心智和行为，就要考察各种心理相互作用的关联与统一。心智活动和行为活动的各个组成部分互相依赖、互相影响，它们之间的相互作用并不单纯是心智活动和行为活动的某两个组成部分之间的两两相互作用。实际上，心智活动和行为活动各个组成部分之间的相互作用是交叉进行的。所有各种心理相互作用之间的耦联，形成了复杂的心理相互作用的网络。

（4）所有的心智活动和行为活动都是动态的，心智活动和行为活动的各种组成部分在心理相互作用中发展。

将心理相互作用及其统一的观点应用于心智和行为研究，就要考察具体的心智活动和行为活动的组成部分是如何通过心理相互作用而发展和变化的。

第二节　广义的智能定义

智能活动是非常复杂的现象，当人们从不同的角度和在不同的范围内去认识这种现象时，就会对智能有各种不同的定义。第一章中介绍过不同学术背景的心理学家对智能的多种定义。这一节依据心理相互作用及其统一理论，重新考察智能的定义，并给出一个广义的智能定义，后文的讨论就在这个广义的智能定义的基础上展开。

一、心智能力和行为能力的集成

前人给出的许多智能定义对智能考察的范围比较窄。例如有的智能理论考察的范围局限于认知过程，认为智能就是认知能力，因而提出了智能的各种认知模型。在这些模型中，常把认知称为"智力因素"，而把认知以外的因素如情感、意志等称为"非智力因素"。我们认为，认知确实是心智活动的重要部分，但并不是心智活动的全部，认知能力并不反映智能的全部。所以智能的认知定义并不是全面的智能定义，智能的认知理论并不是全面的智能理论。

还有一些智能理论考察的范围局限于其他方面，例如根据智能在情绪方面的特点提出的情绪智力定义和情绪智力理论等。这些智能定义和智能理论有助于从多个方面了解智能，但是它们也只研究智能的某些局部，而没有从心智的整体出发，对智能进行整体的研究。

较广的智能定义认为智能是一种个体内部的心理特征，是顺利实现某种活动的心理条件。这种定义把对智能考察的范围扩充为心理特性，但仍是狭义的智能定义。例如智能的因素分析理论，认为智能只是内部的心理特性。它们强调智能的内部活动方面，反映了智能一个方面的特性，即个体顺利实现某种活动的心理条件，但是却忽略了智能的另一个方面的特性，即个体顺利实现某种活动时外部的行动过程。实际上，心理特性只是人的整体的心理活动和行为活动中的一部分。这些理论不考虑与智能有关的外部行为，没有把心理和行为结合起来研究，因而对智能的理解仍是不全面的。

心智和行为是统一的，只用一种能力还不能够正确地、全面地描述复杂多样的智能现象。如果在强调智能的一个方面，即智能的内部机制外，同时考虑智能的另一个方面，即智能的外部实现，把智能看做既包括个体顺利实现某种活动的内部心理条件，又包括个体顺利实现某种活动的在外部世界中的行动过程，或许可以更全面地了解智能的本质。

我们提出广义的智能定义，认为智能是心智能力和行为能力的集成（即整合），这是对智能的广义理解。按照这种理解，心智能力和行为能力集成在一起，构成了智能的整体。为什么要提出智能的广义定义呢？因为它是全面地研究智能本质的出发点。本书后面的讨论就在这个广义的智能定义的基础上展开。

前文介绍了与心智和行为有关的实验事实,这些实验事实表明,复杂的智能活动既涉及广泛的心智活动,又涉及广泛的行为活动。智能不只是认知能力或情绪能力,而且包括其他各种智能成分;智能不只是心智的能力,而且包括行为的能力。智能是心智能力和行为能力的集成,是包含多种智能成分的集成体。

智能活动是在心—脑—身体—自然环境—社会环境的统一体中进行的。图3.2是智能活动的示意图。图中画出心—脑—身体—自然环境—社会环境统一体的不同部分以及心智活动和行为活动的范围。图中的框架表示心脑系统和心—脑—身系统。个体所处的自然环境和社会环境是紧密联系着的,为简便起见,图中没有画出它们间的联系。心智能力和行为能力结合在一起,智能是心智能力和行为能力的集成。

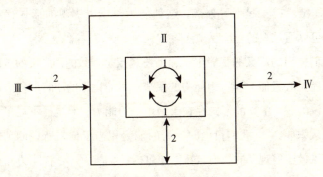

图 3.2 智能活动的示意图

Ⅰ-Ⅱ-Ⅲ-Ⅳ是心—脑—身体—自然环境—社会环境的统一体
Ⅰ. 心脑系统,Ⅱ. 心—脑—身系统,Ⅲ. 自然环境,Ⅳ. 社会环境
1. 心智活动,相应的能力是心智能力。
2. 行为活动,相应的能力是行为能力。
心智能力和行为能力集成在一起,构成智能的整体。

"心智的能力"和心智的概念并不等同。心智是脑的功能,是主观的心理活动;心智能力则表示心智活动的特性,是心智活动能做哪些事情以及顺利做这些事情的本领。

"行为的能力"和行为的概念也并不等同。行为是人的反应、动作等过程，是人在外部世界中的表现；行为能力则表示行为活动的特性，是行为活动能完成哪些任务以及顺利完成这些任务的本领。

智能有内部的心智能力和外部的行为能力。行为能力不同于心智能力，但是它们之间有密切的联系，不能只讲其中一个方面，而要强调两个方面以及它们的集成。以决策和行动的关系为例，决策是内部的心智活动，行动是外显的行为活动；行动受决策的支配，有了正确的决策，才有正确的行动，而行动的结果又会影响决策。

我们把对智能活动的考察范围定为心智能力和行为能力集成的整体，这是广义的智能定义的要点。

潘菽对智能持全面的看法。他主编的《人类的智能》（潘菽等 1985）一书提出，智能包括"智"、"能"两种成分，"智"主要指人对事物的认识能力，"能"主要指人的行动能力（包括技能、习惯等）；"智"和"能"结合在一起不可分离；这种能力可以主观的形式存在于脑中，也可以通过人的行动见效于客观。

我们提出的广义的智能定义和上述观点是一致的。广义的智能定义认为智能是心智能力和行为能力的集成。我们讨论的心智的能力相当于他们所说的"以主观的形式存在于脑中"的能力，但是并不局限于"对事物的认识能力"。我们讨论的行为的能力相当于他们所说的"通过人的行动见效于客观"的能力，其中还包括社会能力。心智能力和行为能力集成为整体，是不可分离的。

彭聃龄讨论过能力的内容。他主编的《普通心理学》（彭聃龄 2001）一书提到，能力包含两方面内容："在英语中，能力通常用两个意义相近但不完全相同的词来表示：ability 和 capacity。ability 指对某项任务或活动的现有成就水平，因而人们已经学会的知识和技能，就代表了他的能力。而 capacity 指容纳、接受或保留事物的可能性；在这个意义上，能力不是指现有的成就，而是指个体具有的潜力和可能性。平时所说的能力同时包含了以上两方面的内容。"

我们提出的广义的智能定义和上述观点是相容的。在广义的智能定义中讨论的"心智的能力"的特性和英语中 capacity 一词的意义比较接近，定义中讨论的"行为的能力"的特性和英语中 ability 一词的意义比较接近。广义的智能定义把两者结合了起来。

二、心理相互作用能力的集成

上一节说明了心理现象中存在的心理相互作用及其统一性。智能活动是心智和行为的现象，为了了解智能的本质，需要研究智能活动中的各种心理相互作用及其统一性。

除智能是心智能力和行为能力的集成的定义外，还可以把智能定义为智能活动中的心理相互作用能力的集成。什么是心理相互作用的能力呢？某一种心理相互作用的能力是指实施（进行）和实现（完成）这种心理相互作用的本领。

某种心理相互作用的实施和实现，包含许多不同的类别，采取许多不同的途径，经历各种不同的时程，具有各种不同的程度，产生许多不同的效果，等等。作用类别、作用途径、作用时程、作用程度、作用效果等，都是心理相互作用多方面的属性。实施和实现某种心理相互作用本领的不同，表现为作用类别的繁简、作用途径的多少、作用时程的长短、实施程度的强弱、达到效果的大小，等等。

以各种心理相互作用中的心物相互作用为例，它是心理活动和自然环境之间的相互作用。在心物相互作用中心理活动通过脑和身体产生行动对环境作用，这些作用有许多方面的表现，如心理活动对环境作用的类别、途径、时程、实施程度和达到效果等。在心物相互作用中环境的刺激通过身体和脑对心理活动作用，这些作用也有许多方面的表现，如环境对心理活动作用的类别、途径、时程、实施程度和达到效果等。与此类似，心理成分相互作用、心脑相互作用、心身相互作用和心理—社会相互作用等，也都有各自的相互作用的属性。

根据心理相互作用及其统一的观点，智能活动是通过不同层次、不同性质的心理相互作用来实现的。说智能是心理相互作用能力的集成，就是说智能包括心理成分相互作用、心脑相互作用、心身相互作用、心物相互作用、心理—社会相互作用在内全部心理相互作用的能力以及它们之间耦联的能力，智能是这些能力集成的统一体。

　　智能活动不只涉及某一种心理相互作用，而是涉及所有各种心理相互作用。作为心理相互作用能力集成的智能，不只是智能活动中一部分心理相互作用的能力，而是智能活动中所有各种心理相互作用以及它们之间耦联的能力。因此在研究智能时，应当了解智能活动中所有各种心理相互作用的能力以及它们的集成。

　　我们把智能定义为心智能力和行为能力的集成，又把智能定义为心理相互作用的能力的集成，它们都是广义的智能定义。智能的这两种定义是一致的，因为心智能力和行为能力都是通过各种心理相互作用来实现的，在心智活动和行为活动之间又不断进行相互作用。心智的能力和行为的能力取决于各种心理相互作用的能力。在这个意义上说，心智能力和行为能力的集成也是心理相互作用的能力的集成。

　　前面提到，各种心理相互作用大致分为两大类：一类是心脑系统内部的相互作用，如心理成分相互作用以及心脑相互作用，它们主要涉及在心脑系统内部的智能内部机制；另一类是心脑系统和外部因素之间的相互作用，如心身相互作用、心物相互作用以及心理—社会相互作用，它们主要涉及心脑系统和外部因素间作用的智能外部实现。

　　因此，各种心理相互作用的能力也大致分为两大类：一类是心脑系统内部相互作用的能力，如心理成分相互作用的能力以及心脑相互作用的能力；另一类是心脑系统和外部因素之间相互作用的能力，如心身相互作用的能力、心物相互作用的能力及心理—社会相互作用的能力。

　　上文提到心智的能力和行为的能力。在个体心智活动时，主要有心理成分相互作用和心脑相互作用，因此心智能力主要相应于心理成分相互作用的能力和心脑相互作用的能力。在个体行为活动时，主要有心身相互作用和个体与环境之间的相互作用，因此行为能力主要相应于心身相互作用的能力和个体与环境相互作用的能力，包括与自然环境之间相互作用的能力以及与社会环境之间相互作用的能力。

　　总之，智能活动包括心智活动和行为活动，其中各种心理相互作用涉及心理、脑、身体、环境、社会等与智能有关的各种因素。心智能力和行为能力取决于智能活动中各种心理相互作用的能力以及它们之间耦联的能力。前面提到，英语中有 capacity 和 ability 两个意义相近的词。对于智能活动时心脑系统内部的各种心理相互作用的能力，用 capacity 一词说明比较贴切；对于智能活动时心理活动与心脑系统之外许多外部因素间的各种心理相互作用的能力，用 ability 一词说明比较贴切。我们强调的是两方面的集成。

　　第一章介绍过心理学家们对智能的多种定义。这里根据我们对智能的广义定义，对其中一些定义作简短的评论。

　　"智力是抽象思维的能力"、"智力是学习的能力"、"智力是解决问题的能力"……这些对智能的定义分别反映了智能的几种属性，主要是与认知过程有关的一些属性。

　　从心理相互作用来说，这些定义涉及的主要是心理活动的认知成分相互作用的能力。在各种心理相互作用中，心理成分相互作用只是其中的一种，而心理活动的认知成分相互作用又只是各种心理成分相互作用中的一种。上面提到的这些定义较少涉及心脑相互作用、心身相互作用、心物相互作用以及心理—社会相互作用。因此这些定义只是对智能活动中一部分心理相互作用的认识，还需要对智能活动中其他心理相互作用进行研究，才能达到对智能的整体的认识。

　　"智力是一种顺应或适应能力"，对智能的这种定义反映了智能的一种属性，即适应环境的属性。

　　从心理相互作用来说，这个定义涉及的是心物相互作用及心理—社会相互作用的能力。在各种心理相互作用中，这些心理相互作用是其中的两种。这个定义较少涉及心理成分相互作用、心脑相互作用以及心身相互作用。因此这个定义也只是对智能活动中一部分心理相互作用的认识，还需要对智能活动中其他心理相互作用进行多方面的研究。

"智力是一种先天素质，特别是脑神经活动的结果"，对智能的这种定义反映了智能的一种属性，即智能的神经生物学属性。

从心理相互作用来说，这个定义涉及的是心脑相互作用的能力。在各种心理相互作用中，心脑相互作用只是其中的一种。这个定义较少涉及心理成分相互作用、心身相互作用、心物相互作用以及心理—社会相互作用，所以这个定义有正确的方面，但又有局限性，它只是对智能活动中一种心理相互作用的认识，而不是对智能的整体认识。

"智力相当于计算机程序"，智能的这种定义把智能和计算机程序进行类比，它可以提供启发，但并不能说明智能的本质。计算机能够进行信息加工，但是并没有主观感受和意义理解等意识活动，计算机程序和人的智能是不同的。

"智力是智力测验所测出的能力"，对智能的这种定义只考察智力测验所测到的各种外部表现，并不是智能本质的全面认识。

总之，从心理相互作用来说，智能活动中全部心理相互作用的能力，包括了智能活动中智能内部机制涉及的各种心理相互作用的能力，以及智能外部实现涉及的各种心理相互作用的能力。而在前人对智能的定义中，有些定义只考察许多种心理相互作用中的某一种或某几种心理相互作用，因而有局限性。

第三节　智能的结构和过程

上一节给出了广义的智能定义，这个智能定义或许有助于对智能的全面考察，但仅有智能的定义还不够，因为智能有结构，而且智能是过程。为了深入地认识智能的本质，需要分析智能的结构和智能的过程。

一、智能的结构

大量经验事实表明，智能具有复杂的层次性结构，其中包括许多智能成分，它们之间有相互作用；智能结构的生理基础是脑和身体。根据这些事实，我们提出层次性结构的智能相互作用理论。

智能的一个特点是智能具有层次性结构。因为心智活动和行为活动都有许多个层次，所以作为心智能力和行为能力集成的智能具有层次性的结构。智能有以下一些层次结构：

在智能的层次结构中，最高层次是智能统一体，它是心智能力和行为能力集成的统一体。

智能结构的第二层次是心智能力和行为能力，它们分别是许多智能成分的集成体。

智能结构的第三层次是心智能力和行为能力所包含的各种智能成分。心智能力包含很多智能成分，如觉醒—注意能力、认知能力、情感能力、意志能力等。行为能力包含很多智能成分，如运动能力、操作能力、适应能力、社会能力等。每一种智能成分又分别包括许多具体能力。

智能结构的第四层次是各种具体能力。如认知能力包含的感知觉能力、记忆能力、思维能力、语言能力等，其中许多是涉及脑内信息加工的能力。又如社会能力包含的人际能力、管理能力、表达能力等，其中人际能力指人际交往方面的具体能力，管理能力指组织管理方面的具体能力，表达能力指表达交流方面的具体能力。每种具体能力还有自身的结构。

智能结构的第五层次是各种具体能力包含的能力。如思维能力包含分析能力、综合能力、理解能力、推理能力等。

在上述各种智能成分和具体能力之间都有相互作用。

图3.3是智能结构的示意图。图中列出了心智能力和行为能力包含的一部分智能成分，如心智能力中的认知能力等，行为能力中的社会能力等。

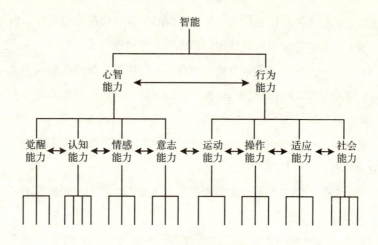

图 3.3 智能结构的示意图

在各种智能成分之间有相互作用，图中用双向箭头表示它们的相互作用。图中画出的只是相邻的智能成分间的双向箭头，实际上各种智能成分间都有相互作用，不只相邻的智能成分间有相互作用，只是为简便起见，才只画了相邻的智能成分间的双向箭头。

每种智能成分又细分为许多具体能力，在图 3.3 中只画出了框架，没有详细说明。以心智能力中的认知能力为例，在图 3.4 中列出它包含的一部分具体能力，如记忆能力等。又以行为能力中的社会能力为例，在图 3.5 中列出它包含的一部分具体能力，如管理能力等。这些具体能力再可以细分，在图 3.4 和 3.5 中只画出了框架。图中的双向箭头是相互作用，为简便起见，也只画了相邻能力间的双向箭头。

从以上讨论可以看到智能结构的一个特点，即智能是多元的，智能不是单一的一种能力。智能结构中包括智能的内部机制和外部实现，有心智的能力和行为的能力。心智能力和行为能力中分别有许多智能成分，各种智能成分又包含多种具体能力。智能的多元性有脑和身体的生理基础：智能活动是脑的四个功能系统协调运行的结果，智能活动又是具身性的，必须有身体的参与。

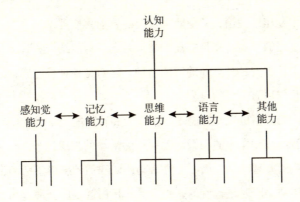

图 3.4　心智能力中认知能力结构的示意图

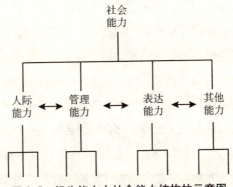

图 3.5　行为能力中社会能力结构的示意图

　　智能结构的另一个特点是：在各种智能成分和具体能力之间存在相互作用。多元的智能成分和具体能力不是彼此不相关的，而是不断进行着相互作用。智能并不是所有各种智能成分和具体能力的简单叠加，而是所有各种智能成分和具体能力通过相互作用而集成的统一体。智能成分的多元性和相互作用的多样性，使得智能结构具有复杂性。

二、智能的过程

　　经验事实表明，智能不但有复杂的结构，而且是动态的过程；智能活动是智能成分的集成过程，智能是在集成过程中发展的；集成过程中各种因素的多样性导致智能的个体差异。我们的智能理论既是层次性结构的智能相互作用理论，又是动态发展的智能集成理论。

　　智能过程的一个特点是智能的集成过程。智能结构有许多层次，在不同层次上存在着各种不同的智能活动，它们是各种智能成分或具体能力通过相互作用而集成的过程。

　　在智能的最高层次，智能是心智能力和行为能力集成的统一体，智能活动是智能统一体中的心智活动和行为活动的集成过程。

　　在智能的心智活动方面，注意活动、认知活动、情感活动、意志活动等许多活动是同时进行着的，心智活动是由这些成分通过相互作用而集成的；在完成不同的任务时，各种成分参与的程度有所不同。心智活动包括上述许多活动过程，认知过程是重要的心智活动，但心智活动不限于认知过程，认知过程只是心智活动的一个组成部分。心智活动的能力是由它包含的各种智能成分集成的统一体。

　　在智能的行为活动方面，运动、操作、适应行为、社会行为等许多活动是同时进行着的，行为活动是由这些成分通过相互作用而集成的。行为活动包括上述许多活动过程，社会行为是重要的行为活动，但行为活动不限于社会行为过程，社会行为过程只是行为活动的一个组成部分。行为活动的能力是由它包含的各种智能成分集成的统一体。

　　再看下一个层次的智能过程。以心智活动中的认知过程为例，在认知过程中，有感知觉过程、记忆过程、思维过程等参与。认知过程是这些过程的集成，认知能力是由这些过程相关的许多具体能力通过相互作用而集成的。同样，以行为活动中的社会行为为例，社会能力是由它包含的许多具体能力通过相互作用而集成的。

　　再看下一个层次的智能过程。以认知活动中的思维过程为例，在思维过程中，同时进行着分析、综合、理解、推理等活动，思维过程是这些活动的集成，思维能力是相关各种具体能力集成的。

　　从以上讨论可以看到智能过程的一个特点，即智能是发展的。各个层次的集成过程都是动态的；在动态的集成过程中，心智能力和行为能力，以及它们包含的许多智能成分和具体能力都不是固定不变，而是变动和发展的。智能的发展性具有脑和身体的生理机制：脑的发育有阶段性的特点，发育有敏感期；脑内网络有可塑性，它们在智能活动中不断地塑造；智能有具身性，智能活动过程必须有身体参与。

智能过程的另一个特点是：复杂的集成过程造成智能的个体差异。由于不同个体的先天条件不同，以及不同个体在不同的集成过程中智能成分、集成作用和集成环境的多样性，不同个体的心智能力和行为能力，以及各种智能成分，如认知能力、情感能力、意志能力、操作能力、适应能力、社会能力等，都会有显著的差异。这种个体差异的存在是正常的现象，而且不同的个体各有所长，也各有所短。对所有的个体提出一样的要求是不适当的。每个个体都可以在原来的基础上不断提高自己的智能水平。要针对不同个体的特点，提出不同的要求和采取不同的方法，促使他们智能水平的提高。

智能有具身性、情境性和社会性。经验表明，健康的脑与身体以及丰富的、良好的环境都对智能的发展有重要作用。健康的脑与身体是个体智能发展的生理基础，丰富的、良好的自然环境和社会环境提供个体智能发展的外部条件。

智能的发展离不开教育和社会实践，也离不开个人的勤奋和努力。在心智方面，崇高的理想、广泛的兴趣、活跃的认知、积极的情感、坚强的意志等品质，都可以在现实生活和实际工作中培养和发展。人人通过自觉的学习和实践，都能够有效地获得和应用各种知识，为社会作出贡献。在行为方面，操作、适应和社会能力等，也都可以通过实践得到锻炼和提高。

人们把根据某些智力测验的作业成绩计算的分数称为智商，还用智商表示智力的高低。从智能结构和智能过程的观点看来，传统智力测验的做法过于简单化。

智能是多元的，智能包括心智能力和行为能力，它们又有许多种智能成分，不同种类的智能成分具有不同的特性。因此，如果采用"商"一词作为衡量智能成分的定量指标，就不能只用认知能力方面的一种智商来衡量所有各种智能成分。对应于许多不同种类的智能成分，需要有一系列不同的定量指标，来分别衡量不同的智能成分。例如，注意商（衡量觉醒—注意能力的定量指标）、认知商（衡量认知能力的定量指标）、情感商（衡量情感能力的定量指标）、意志商（衡量意志能力的定量指标）、行为商（衡量行为能力的定量指标），等等。还可以尝试把各种指标组合起来，用集成智商（Integrated Intelligence Quotient）来衡量整体智能。

对于各种不同种类的智能成分，要分别设计不同的量表进行测量。传统心理学中的"智商"大致相当于我们所说的认知商，可以作为衡量认知能力的定量指标。此外，有的学者讨论过"情商"和"行商"等指标，其中"情商"大致相当于我们所说的情感商，可以作为衡量情感能力的定量指标；"行商"大致相当于我们所说的行为商，可以作为衡量行为能力的定量指标。至于我们所说的注意商、意志商以及集成智商等，至今人们尚未讨论过，或许可以分别进行研究。

在人的一生中，各种智能成分都是发展和变化的。对同一个体来说，各种智能成分在不同阶段有不同的发展水平。因此，衡量个体各种智能成分的定量指标不是固定不变的；对某一种智能成分测量得到的定量数值，是指在一定时间段中的平均值。

三、对一些智能理论的评论

根据心理相互作用及其统一理论和关于智能结构和过程的讨论，智能具有下面一些特性：智能是心智能力和行为能力的集成，智能有内部机制和外部实现，智能的生理基础是脑和身体，智能是多元的，智能有层次性结构，智能通过各种心理相互作用实现，智能活动是智能成分的集成过程，智能有具身性、情境性和社会性，智能是发展的，智能有个体差异。

在这里可以把我们关于智能的观点和前人几种有代表性的智能理论进行比较。这几种智能理论以及其他智能理论的详细介绍可参见本书附录一。

1. 关于 Gardner 的多元智力理论

Gardner（1983）认为存在七种不同的智力，其中言语智力是阅读、书写、听话、说话等方面的能力，逻辑和数学智力是逻辑思维和解决数学问题等方面的能力，空间智力是认识环境和辨别方向等方面的能力，音乐智力是辨别声音和表达韵律等方面的能力，身体运动智力是支配身体完成精密作业等方面的能力，人际交往智力是与他人交往等方面的能力，自我认识智力是认识自己和选择自己生活方向等方面的能力。他还讨论了和这些智力相关的脑区。

在智能的多元性方面，我们的观点和 Gardner 理论是一致的，但是两者有许多区别。

我们用心理相互作用及其统一观点考察智能，认为智能是多元的；智能有内部机制和外部实现，心智能力和行为能力分别都有许多成分，实际上，智能成分的数量远多于上述七种；许多智能成分不是并列的，它们具有层次性结构，而且有相互作用；智能成分的多元性和心理相互作用的多样性导致了智能结构的复杂性。

Gardner 的理论是现象性的描述。他罗列了一些不同种类的智力，并没有对这些智力从智能的内部机制和外部实现的角度来进行分类。例如他提出的逻辑和数学智力以及自我认识智力属于心智能力，而他提出的身体运动智力以及人际交往智力则属于行为能力。此外，由于 Gardner 没有用内部心理相互作用及个体与环境相互作用的观点考察不同种类智力的性质，因而不能说明这些智力之间的关系。

2. 关于 Guilford 的智力三维结构理论

Guilford（1967）认为智力包含多种成分，因而具有复杂结构。他把智力区分为内容、操作和产品三个维度，其中内容维度包括听觉、视觉、行为等方面，操作维度包括认知、记忆、思维等方面，产品维度包括单元、分类、关系等方面。由这三个维度的各个方面间的组合，就构成 150 种不同的智力。

在强调智能的复杂性以及重视智能活动的过程方面，Guilford 理论和我们的观点相似，但是两者的具体内容完全不同。

我们认为，智能有结构和过程，智能活动是各种智能成分通过多种心理相互作用实现的集成过程；由于智能成分、智能的集成作用、集成环境和集成过程的多样性，智能具有复杂的结构。

Guilford 没有从智能的内部机制和外部实现的角度来确定智能的特性。例如，感知觉和记忆都是认知活动的成分，他却把它们分别列到不同维度之中：把认知、记忆等方面列为操作，把感觉、行为等方面列为内容，这是不合适的。实际上，他提出的操作应当分为心智操作和行为操作两个部分。心智操作是智能的内部机制，它们和内容维度都与心智能力相关；行为操作则是智能的外部实现，它们和产品维度都与行为能力相关。此外，Guilford 没有用心理相互作用的观点来研究这些不同的能力，也没有讨论智能活动的具体过程。

3. 关于 Naglieri 和 Das 的智力认知模型

Naglieri 和 Das（1988，1990）提出智力的 PASS 模型，着重讨论认知活动中计划（Planning）、注意（Attention）、同时性（Simultaneous）和继时性（Successive）四种加工过程。这个模型是建立在 Luria（1973）的脑的三个功能系统学说基础上的智力模型。在这个模型的三个系统中，注意—唤醒系统是基础，同时性加工—继时性加工系统是中间层次，计划系统处于最高层次。这三个系统协调合作，保证智能活动的运行。

在研究智能的脑基础和重视智能活动的过程方面，这个智力模型和我们的观点有共同之处。这个智力模型从脑的三个功能系统出发，讨论智能与脑的三个功能系统的关系。我们曾对 Luria 理论进行扩展，提出脑的四个功能系统学说，并且讨论智能活动中脑的四个功能系统的协调运行，还由此建构了一个囊括觉、知、情、意诸成分的智能模型（唐孝威 2008b），详细介绍见本书附录六。

我们对智能的讨论与 Naglieri 和 Das 模型的区别在于考察的范围不同。他们的模型主要从内部的认知加工过程方面讨论智能活动，但是不讨论行为能力。我们强调，心脑系统处于身体之中，而身体处于自然环境和社会环境之中；智能活动中除存在内部的心理成分相互作用和心脑相互作用外，还存在心身相互作用、心物相互作用和心理—社会相互作用；环境和任务的多样性使智能活动复杂多样；因此研究智能不但要讨论心智能力，而且要讨论行为能力，以及它们间的相互作用。

即使在内部的心智活动方面，我们对智能考察的范围也比他们的模型更广，指出心智能力有复杂的结构，包括觉醒—注意能力、认知能力、情感能力、意志能力等。他们的模型讨论了觉醒—注意能力和认知能力，没有考虑情感能力和意志能力等其他能力。觉醒—注意能力和认知能力是心智能力中的一部分，这方面的研究是必需的，但对于全面了解智能的本质是不够的。

4. 关于 Salovey 和 Mayer 的情绪智力理论

Salovey 和 Mayer（1990）提出情绪智力的理论，认为情绪智力是个体感知、理解和控制自己及他人的情绪、并且利用这些信息来指导自己的思想和行动的能力。情绪智力和人的生活满意度密切相关。人们用情商来表示个体情绪智力的高低。Goleman（1995）认为，真正决定一个人成功与否的关键不是智商而是情商。

我们认为智能包括情感能力的成分，但我们对智能的研究和情绪智力理论回答的问题不同。我们要回答的问题是"智能是什么"，因此需要全面考察智能活动。智能包括心智能力和行为能力，其中心智能力又包括觉醒—注意能力、认知能力、情感能力、意志能力等。情感能力只是智能成分中的一种，不是智能的全部，但情感能力和其他能力有密切的关系。

情绪智力理论要回答的问题是"与情绪和情感相关的智力是什么"，它着重研究情绪智力的特点。情绪智力理论分析了情绪智力包括的各种具体能力，如感知情绪的能力、理解情绪的能力、控制情绪的能力等，这些讨论对深入了解智能活动中情感能力的作用是有意义的，也有助于探讨如何提高情感能力水平的方法。

5. 关于 Spearman 的智力因素理论

智力的因素理论有许多种，Spearman（1927）的智力二因素理论是智力因素理论中有代表性的一种理论。他认为，智力由两种因素构成，一种是基于心理潜能的一般能力，另一种是完成特定作业的特殊能力。在智力活动中这两种能力都参与。

我们的观点和智力因素理论不同。智力因素理论用智力因素来讨论智能，是智能的静态理论，这些理论并不研究智能活动的动态过程。我们是用心理相互作用的观点讨论智能，认为智能有结构，智能活动是过程，不但要研究智能的结构，而且要研究智能的过程。

即使在智能结构方面，我们的观点和智力因素理论也有很大区别。粗略看来，在 Spearman 的二因素理论中，一般因素的特性似乎接近于我们讨论的智能的内部机制，特殊因素的特性似乎接近于我们讨论的智能的外部实现。实际上，我们强调智能是心智能力和行为能力的集成，而 Spearman 理论却把一般因素和特殊因素看成是对立的。

智力二因素理论中的一般能力是一个笼统的概念。我们认为心智能力和行为能力都有复杂的结构，例如：心智能力是觉醒—注意能力、认知能力、情感能力、意志能力等智能成分的集成体，行为能力是运动能力、操作能力、适应能力、社会能力等智能成分的集成体，在各种智能成分之间有相互作用。智力因素理论则不讨论各种能力间的相互作用和它们的集成。

6. 关于 Sternberg 的智力三元理论

Sternberg（1985）提出智力三元理论，考察智力的三个方面，即智力的内在成分、智力成分与经验的关系，以及智力成分的外部作用。在他的智力理论中包括三个亚理论：智力成分亚理论、智力情境亚理论、智力经验亚理论，这三个亚理论构成了智力的三元理论。其中智力成分亚理论又分析智力的三种成分及相应的三种过程，这三种成分是：元成分、操作成分和知识获得成分。元成分是计划、控制和决策的能力，操作成分是接受刺激、保持信息和执行的能力，知识获得成分是获取知识、判断和反应的能力。这三种成分都有相应的过程，在智力三元理论中讨论了这些过程中的信息加工。

在全面考察智力的内在成分和智力的外部作用方面，以及在重视智力成分和过程的研究方面，智力三元理论和我们的观点是一致的。但我们的智能理论和智力三元理论是不同的理论：智力三元理论是信息加工理论，而我们的智能理论则包括层次性结构的智能相互作用理论和动态发展的智能集成理论。

我们从心理相互作用的角度考察智能。智能有内部机制和外部实现，智能活动中的多种心理相互作用包括心理成分相互作用和心脑相互作用，以及心理活动和各种外部因素之间的相互作用；智能活动是通过这些相互作用实现的。在我们的智能相互作用理论中包含了脑内信息加工的讨论。

我们认为，智能是心智能力和行为能力的集成，心智能力又包括觉醒—注意能力、认知能力、情感能力、意志能力等；但智力三元理论不讨论情感能力和意志能力。此外，我们重视智能的脑机制的研究，从脑的四个功能系统的协调运行来说明智能活动；而智力三元理论不讨论智能的脑机制。

7. 关于 Sternberg 的成功智力理论

Sternberg（1996）说："心理学家们常常认为的智力，只涉及了内涵宽广、结构复杂的智力的极小一部分，也是非常不重要的一部分。"因此他提出成功智力理论，认为传统的学业智力是惰性化智力，成功智力才是对现实生活真正起举足轻重影响的智力。成功智力包括分析性智力、创造性智力和实践性智力；成功智力的这三个方面是围绕着问题解决而展开的，其三个关键是：用分析性智力发现好的解决办法，用创造性智力找对问题，用实践性智力解决实际工作中的问题。Sternberg 还研究了具有成功智力的人的共同特点，他认为，任何有助于达到成功的因素都属于成功智力，不存在所谓"智力因素"与"非智力因素"之分。

在重视意志品质和人际关系在智力中的作用，以及注意文化因素对智力的影响等方面，成功智力理论和我们的观点有类似之处。但是我们对智能的讨论和成功智力理论回答的问题是不同的。我们要回答的问题是"智能是什么"，因此需要全面讨论心智能力和行为能力以及它们的相互作用与集成，要讨论智能的结构和智能的过程；而成功智力理论要回答的问题则是"对成功起关键作用的智力是什么"，因此不对智能的本质进行全面的讨论，只局限于对成功因素的讨论。

Sternberg认为，所谓"成功"是指在现实生活中达到人生的主要目标，而成功智力是在现实生活中达到人生主要目标的能力。他说："成功是一个相对的概念。"

一个人的人生目标决定于他的价值观。我们认为，人生的意义在于对人类利益和社会进步作出贡献，个人的成功是以对人类利益和社会进步作出贡献的大小来衡量，而不是以个人的得失来衡量的。个人的人生目标既要符合时代的要求，又要切合实际的情况。达到人生目标的前提是确定正确的人生目标，而达到正确的人生目标又必须用正确的方法。在这个意义上说，与成功相关的能力应当包括正确地确定人生目标的能力，以及用正确的方法达到人生正确目标的能力。

8. 关于 Vernon 的能力层次性结构理论

Vernon（1971）认为能力有层次性结构。他从因素分析理论出发，按因素大小来划分能力的层次，提出按几个层次排列的能力结构，其中最高层次是一般因素，第二层次是大群因素，第三层次是小群因素，第四层次是特殊因素。大群因素包括言语和教育方面的因素以及操作和机械方面的因素，小群因素分别有言语、数量、用手操作、空间信息等。

在智能具有层次性结构方面，我们的观点和 Vernon 理论是相似的，但两者的具体内容则完全不同。

我们认为，智能的层次性结构是由心智活动和行为活动的层次特性决定的。智能是心智能力和行为能力的集成，心智能力和行为能力分别包括各种智能成分，各种智能成分又分别包括许多具体能力，在智能成分和具体能力之间有相互作用。

Vernon是根据智力的因素分析理论构造智力层次结构模型的。模型中的一般因素是笼统的心理能力，并没有讨论认知能力、情感能力、意志能力等内部心理活动的能力；模型中的特殊因素是保证完成特定作业的因素，相应的能力侧重于智能的外部实现方面。Vernon的理论也不讨论各种能力之间的相互作用。

第四节　智能的统一研究取向

第一章介绍过目前智能研究中的多种研究取向，这一节提出一种基于心理相互作用及其统一理论的新的研究取向，即智能的统一研究取向。

一、智能的统一研究取向的要点

在当代智能研究中，多种研究取向林立。Glassman（2000）说："心理学中基本问题之一是如何对付存在着不同研究取向的局面。"在智能研究中也面临着同样的问题。

我们认为，目前智能研究中众多研究取向林立的局面，是在学科发展的一定阶段上出现的现象；随着科学研究的进一步发展，这些不同的研究取向将会在新的水平上逐步统一起来。探讨把各种不同研究取向统一起来的任务，现在已经提到智能研究的日程上来了。

当代智能研究中许多研究取向虽然各各不同，但是其中有些研究取向是可以互相补充和进行集成的。在心理相互作用及其统一理论的基础上，有可能把这些不同的研究取向统一起来。这种基于心理相互作用及其统一理论的、把当代智能研究的多种不同研究取向统一起来的研究取向，称为智能的统一研究取向。

前文已经说明，智能现象是十分复杂的，智能活动涉及各种不同的心理相互作用，而各种心理相互作用及其中的各个方面是统一且有内在联系的，因此需要对智能活动中各种不同的心理相互作用及其中的各个方面作统一的、全面的考察。

这就是说，为了对智能有全面的了解，不能只研究智能活动中的某一种心理相互作用或其中的某一个方面，而必须研究智能活动涉及的各种心理相互作用，包括心理成分相互作用、心脑相互作用、心身相互作用、心物相互作用、心理—社会相互作用以及其中的各个方面，并且要对智能活动中所有这些心理相互作用及其耦联作统一的研究。这样，就形成了智能研究中的统一研究取向。

智能的统一研究取向是基于心理相互作用及其统一理论的研究取向。这种研究取向的要点是：

（1）智能的统一研究取向用相互作用的观点研究智能现象，认为智能现象是心脑系统的活动（包括内部心理活动各种成分和作为智能活动的物质基础的脑活动）、与智能活动有关的各种外部因素（包括身体、自然环境、社会环境等），以及它们之间进行的各种相互作用的复杂现象。

（2）智能的统一研究取向用存在多种心理相互作用的观点研究智能现象，认为智能现象中存在各种心理相互作用，如心理成分相互作用、心脑相互作用、心身相互作用、心物相互作用和心理—社会相互作用。它们是不同性质的心理相互作用，智能活动是通过这些心理相互作用来实现的。

（3）智能的统一研究取向用与智能有关的多层次统一体的观点研究智能现象，认为存在着与智能现象有关的许多不同层次的统一体，即心脑统一体、心身统一体、心物统一体，以及心理—社会统一体；总的说，存在心—脑—身体—自然环境—社会环境全面集成的统一体。各种不同的心理相互作用是在这些不同层次的统一体中进行的相互作用。

（4）智能的统一研究取向用通过各种心理相互作用，与智能有关的多层次统一体协调发展的观点研究智能现象，认为智能研究不是只研究智能现象的单个层次或单个方面，而是要研究智能现象的多个层次和多个方面。多个层次和多个方面的智能现象是在各种相互作用中协调发展的，包括：智能的心理活动各种成分之间的相互作用与协调发展，心脑相互作用与心脑统一体的协调发展，心身相互作用与心身统一体的协调发展，心物相互作用与心物统一体的协调发展，心理—社会相互作用与心理—社会统一体的协调发展。

（5）智能的统一研究取向用各种心理相互作用统一的观点研究智能现象，认为不同的心理相互作用具有不同的性质，但是它们都是以心脑统一性作为共同基础的，所以可以把它们统一起来。

下面从智能的统一研究取向关心的问题、考察的重点、研究的观点和方法等方面，说明智能的统一研究取向不同于智能的其他各种研究取向的特点。

在关心的问题方面，智能的统一研究取向关心智能现象中所有各种心理相互作用及其统一性。这种研究取向要求对智能活动涉及的所有各种心理相互作用进行全面的考察和研究。

在智能现象中存在各种心理相互作用，每一种心理相互作用都有作用和反作用。例如，某一种心理活动成分对其他各种心理活动成分有作用，而其他各种心理活动成分对这一种心理活动成分有反作用。又如，各种与智能相关的外部因素对心理活动有作用，而心理活动对这些因素有反作用。这些作用和反作用是交互进行的，而且都随时间发展。

另外，某一种智能活动并不单纯地涉及一种心理相互作用，而往往同时涉及许多种心理相互作用。对于一定的智能活动来说，在同时存在的许多种心理相互作用中，有些心理相互作用占主要的地位，而另一些心理相互作用占次要的地位，这些不同的心理相互作用是在不同尺度的空间范围内发生的。

因为智能的统一研究取向关心全面地研究各种不同的心理相互作用，并且着重于这些心理相互作用的统一，所以它的研究领域比目前智能研究中各种不同研究取向的研究领域更加广泛，几乎涉及心理学的全部研究领域。这就使得它可以把这些不同的研究取向的有益的、合理的观点统一起来。

在考察的重点方面，智能的统一研究取向特别注重各种心理相互作用统一性的研究。这种研究取向指出不同的心理相互作用具有共同的基础，因而要对所有各种心理相互作用进行集成的研究。

当代智能各种研究取向分别侧重于讨论不同种类的问题，它们涉及不同种类的心理相互作用，而智能的统一研究取向则讨论智能活动涉及的所有各种心理相互作用以及它们之间的耦联和统一，所以智能的统一研究取向可以包容各种不同的研究取向，在分别取其精华的基础上，集当代智能各种研究取向之大成。

在研究的观点和方法方面，智能统一研究取向用心理相互作用及其统一的观点考察心智和行为，研究与智能有关的各种因素是如何相互作用和进行集成的。

智能统一研究取向不但分析智能活动中的心理相互作用，研究它们的统一性，而且考察这些心理相互作用的动态过程。这种研究取向用心理相互作用是动态进行的观点考察心智和行为，强调各种心理相互作用都是动态的、随着时间发展的，强调研究各种心理相互作用的发展过程。在每一种心理相互作用中，作用和反作用都是随着时间变动的。例如，在心物相互作用中，环境因素作用于心理活动，使心智和行为不断发生变化，而心理活动又通过行为作用于环境，使环境不断发生变化。

二、对目前智能研究的多种研究取向的评论

当代智能研究的不同研究取向侧重讨论不同的心理相互作用。一些研究取向的特点是，它们分别研究某一种或某几种心理相互作用，或者着重研究某种心理相互作用的某些方面。由于它们分别考察不同种类的心理相互作用或其有关方面，就不能涵盖所有各种心理相互作用。

前面提到的当代智能研究中一些主要的研究取向，如心理测量学研究取向（或因素分析取向）、认知研究取向（及智能的计算模型）、生物学研究取向（及神经科学研究取向）、生态和社会文化研究取向（及智能的人类学模型）等，各有其研究的侧重点。

以心理测量学研究取向或因素分析取向为例，这种研究取向关心个体间在心智和行为方面的差异，特别是在能力发展和人格方面的个体差异。这种研究取向所持的观点有助于了解各种心理相互作用的个体特点。

从研究涉及的心理相互作用来说，这种研究取向涉及多种心理相互作用，特别是心理成分相互作用，但是很少讨论心脑相互作用和心身相互作用，也几乎不涉及智能活动的心物相互作用中的心理活动对环境的作用。

再以认知研究取向为例，这种研究取向关心在智能活动时脑内的信息加工过程，着重用信息加工的观点研究智能活动，这有助于了解心理成分相互作用和心物相互作用。

从研究涉及的心理相互作用来说，认知研究取向研究认知过程中的心理成分相互作用、心脑相互作用和心物相互作用。特别是认知神经科学，着重研究心脑相互作用；在心物相互作用方面，还研究物理刺激对内部心理活动及其脑机制的影响。这种研究取向涉及与内部信息加工有关的多种心理相互作用，但是很少讨论心身相互作用，几乎不涉及心身相互作用中有关身体的生理过程，以及身体的生理过程对心理活动的作用。

再以生物学研究取向、包括神经科学研究取向为例。这种研究取向关心心智和行为的生物学基础，包括神经基础，着重从生物学的角度对智能进行考察。这种研究取向所持的观点有助于了解与智能活动有关的心脑相互作用和心身相互作用。考察这些生物学基础，包括神经基础，并研究与智能活动相关的脑功能活动和生理活动，对了解智能是重要的。

从研究涉及的心理相互作用来说，生物学研究取向着重研究心脑相互作用和心身相互作用的生物学方面。这种研究取向注重智能活动的生物学基础，包括神经基础，但是很少讨论心理成分相互作用，也不讨论心物相互作用和心理—社会相互作用的心理活动方面。这种研究取向很少涉及社会心理现象。

再以生态和社会文化研究取向为例，这种研究取向关心智能活动中个体心理和社会环境之间的关系，它所持的观点对于了解心理—社会相互作用是十分重要的。研究社会环境和文化对个体心智和行为的影响，是智能研究的重要内容。

从研究涉及的心理相互作用来说，这种研究取向主要考察心理—社会相互作用，特别是社会环境对心理活动的作用以及心身相互作用，但是很少讨论心脑相互作用和心物相互作用等。

表 3.1 是当代智能研究的不同研究取向侧重讨论的各种心理相互作用，表中分别列出了一些不同的研究取向，以及各种研究取向侧重讨论的心理相互作用。表中也列出了我们提出的智能的统一研究取向，这种研究取向涵盖了与智能有关的所有各种心理相互作用，因而可以包容当代智能研究的不同研究取向，并把它们统一起来。

表 3.1 当代智能研究的不同取向侧重讨论的各种心理相互作用

讨论的心理 相互作用 ＼ 不同的研究 取向	心理测量 学研究取 向，因素 分析取向	认知研究 取向，智 能的计算 模型	生物学研 究取向， 神经科学 研究取向	生态和社 会文化研 究取向， 智能的人 类学模型	智能的 统一研 究取向
心理成分相互作用	✓	✓		✓	✓
心脑相互作用			✓		✓
心身相互作用			✓	✓	✓
心物相互作用	✓	✓			✓
心理—社会相互作用	✓			✓	✓

这里要说明两点：第一，智能的统一研究取向讨论所有各种心理相互作用，这种取向不但对各种心理相互作用进行分别的研究，而且对这些心理相互作用进行集成的研究；第二，智能的统一研究取向是智能的一种研究取向，这种取向不仅是和其他各种研究取向并列的一种研究取向，而且要把其他各种研究取向统一起来。

智能的统一研究取向怎样把智能的其他各种研究取向统一起来呢？

首先是对不同的研究取向进行详细的分析，分别研究它们的特点和不足之处，然后是提取它们的有益内容和方法，把它们集成到统一的框架中。

当代智能研究中各种研究取向之不同，并不是它们的观点根本对立或互相排斥，而是它们关心的问题、考察的重点，以及研究的观点和方法有所不同。从涉及的心理相互作用说，这些不同的研究取向分别侧重研究不同种类的心理相互作用，或一些心理相互作用的不同方面。它们分别有各自的特色和有益的内容，同时也分别有各自的局限性，但它们的许多方面是可以互相补充的。

智能的统一研究取向认为，与智能活动有关的心智和行为，都是通过各种心理相互作用来实现的，它们可以用心理相互作用及其统一理论来进行统一的描述。当代智能研究的各种研究取向各有许多有益的观点，它们分别适合于讨论不同种类的心理相互作用，可以根据心理相互作用统一理论，把它们统一起来。智能的统一研究取向研究所有各种心理相互作用，因而能够容纳各种不同的研究取向，发挥这些不同研究取向在它们各自侧重研究的某些心理相互作用方面的特点，分别吸收它们的有益内容，集成到包容多方面观点的全面理论之中。

例如，智能的心理测量学研究取向从个体差异的角度考察智能现象。对于这种研究取向，要吸收其中关于研究各种心理相互作用的个体特点的一些观点。又如，智能的认知研究取向从信息加工的角度考察智能现象。对于这种研究取向，要吸收其中关于内部信息加工特性的一些观点。又如，智能的生物学研究取向从生物学的角度考察智能现象。对于这种研究取向，要吸收其中关于心脑相互作用和心身相互作用的生物学特性的一些观点。再如，智能的生态和社会文化研究取向从社会环境影响考察智能现象。对于这种研究取向，要吸收其中关于个体心理与社会环境相互作用的一些观点。

智能的统一研究取向讨论智能活动中存在的全部心理相互作用，认为当代各种智能研究取向分别考察各种心理相互作用，它们都是重要的。从智能的统一研究取向看来，智能活动既有神经生物学的基础，又有信息加工和意识活动的特性；智能活动既是具身性的，又是情境性和社会性的；智能既是进化的产物，又是不断发展的。

智能的统一研究取向既讨论智能活动涉及的各种不同的心理相互作用，又讨论各种心理相互作用的统一，强调智能活动中各种心理相互作用不是各自独立无关，而是有紧密的关联，因此对每一个具体的智能活动过程，都要分析它涉及的各种心理相互作用，以及它们之间的耦联。

智能的统一研究取向在吸收其他各种研究取向的一些有益的成果时，并不是把它们作机械的合并，而是对它们进行有机的集成；在吸收它们一些积极内容的同时，还对其中不合适的部分加以改进，对其中不完整的部分加以扩充。

智能的统一研究取向并不否定和排斥其他各种研究取向，而是在提出自身的观点和方法的基础上，吸收和包含了当代智能研究其他各种研究取向的积极的观点和有益的成果。这种研究取向并不代替对智能现象中具体问题的研究，而是提出研究智能现象的观点和方法，促进对智能现象中具体问题的全面研究。

第五节　智能集成论

这一节讨论智能活动中的集成现象，并且提出智能集成论理论，智能集成论是本书智能理论框架的一部分。

一、智能集成论的提出

前面多次提到过集成一词，如各种心理相互作用的集成、心智能力和行为能力的集成、各种智能成分的集成等。集成一词和整合一词的意义相同，在英语中，集成和整合都是 integration，本书中把它们统称为集成，智能集成即智能整合。

智能是非常复杂的现象。在智能活动中存在各种各样的集成现象，因此有必要对智能集成现象进行专门的讨论，着重讨论智能活动中的集成作用和集成过程，智能集成作用是智能活动的重要机制，智能集成过程是智能活动的重要内容。

我们提出智能集成论，是用集成的观点研究智能活动的结构和过程，特别是其中的集成作用和集成过程，从而探讨智能的本质。我们把智能集成论的英文名词命名为 Intelligence Integratics。作为一种理论，智能集成论是关于智能本质的理论，是关于心智能力和行为能力集成规律的理论。作为一门学科，智能集成论是研究智能活动中各个层次和各种类型的集成现象及其规律的学科。智能集成论的研究范围是智能现象，主要涉及与智能有关领域的集成现象。

下面从研究对象、理论概念、研究内容和研究取向等方面，说明智能集成论的特点。

从研究对象来看，智能集成论的研究对象不同于以往一些智能理论的研究对象。前面提到，智能包括心智能力和行为能力，在智能活动中，存在许多种心理相互作用，如心理成分相互作用、心脑相互作用、心身相互作用、心物相互作用和心理—社会相互作用等。以往有些智能理论只关心某些方面的能力，只考察某种或某几种智能成分，只涉及智能活动中某种或某几种心理相互作用；智能集成论则考察所有各种智能成分，涉及智能活动中所有各种心理相互作用，着重研究它们的集成。

从理论概念来看，智能集成论的理论概念和以往一些智能理论的理论概念不同。智能集成论的核心概念是集成。智能现象涉及不同层次和不同性质的智能成分、集成作用、集成环境、集成过程，以及集成构建的各种智能集成体。不同种类的智能成分，通过它们之间的各种相互作用进行不同形式的集成过程，构成不同层次和不同性质的智能集成体，在一定条件下智能集成体涌现新的特性。以往有些智能理论，如智能的因素理论，分析智能因素但不讨论其关联与发展；智能集成论则强调智能活动涉及的各个层次的智能成分的集成，以及各种心理相互作用的集成。

从研究内容来看，智能集成论的研究内容和其他一些智能理论的研究内容不同。智能集成论认为，智能活动不是智能成分的简单叠加，而是通过智能成分间的相互作用进行集成，因此研究内容着重于智能的集成作用和集成过程。智能活动中有多种多样的集成现象，由于不同个体的智能成分、集成作用、集成环境和集成过程具有多样性和复杂性，因而不同个体的智能千差万别。

个体的智能是在先天遗传的基础上，通过各种心理相互作用在后天长期实践的集成过程中发展的。经验表明，健全的智能成分、能动的集成作用、丰富的集成环境以及协调的集成过程，是有效发展智能、提高智能水平的关键。

从研究取向来看，智能集成论的研究取向和以往许多智能研究取向不同。以往许多智能研究取向以及各种具体的智能理论往往侧重描述智能的某一个侧面或某一些侧面；而智能集成论认为，智能是多种智能成分集成的统一体，智能活动中又有各种心理相互作用的集成，所以在构建理论时要对各种智能研究取向和对各种具体的智能理论进行集成。智能集成论是集各种研究取向和各种具体智能理论之大成的理论。

智能集成论的研究包括两个方面，一个方面是研究智能的集成现象，特别是研究智能活动中的集成作用和集成过程；另一个方面是研究智能理论的集成，其中有对当代各种智能研究取向的集成和对各种具体智能理论的集成。研究智能的集成以及研究智能理论的集成，目的都是了解智能的本质和探讨提高智能水平的方法，因此在智能集成论中对智能集成的研究和对智能理论集成的研究这两个方面是一致的。

二、智能集成论的要点

我们提出智能的一个理论框架，其中包括基于心理相互作用及其统一理论的广义的智能定义和智能的统一研究取向、关于智能结构和智能过程的观点，以及智能集成论。

智能集成论是这个智能理论框架的一部分。它用集成的观点考察智能现象和探讨智能的本质。智能集成论包括智能集成的研究和智能理论集成的研究两个方面。

在智能的集成方面，智能集成论的要点是：

（1）个体智能活动的基础是脑和身体。智能活动包括心智活动、行为活动，以及它们之间的耦联。心智活动是脑的功能。心智支配行为，行为活动由身体实现，个体通过身体的感觉器官、运动器官、语言器官等与外界环境相互作用。

（2）智能活动不能离开环境。在心—脑—身体—自然环境—社会环境的统一体中存在着各种相互作用。个体智能活动是在自然环境和社会环境中进行的，个体所处的多种多样的自然环境和社会环境对智能集成有重要的影响。

（3）智能是心智能力和行为能力的集成。心智能力是心智活动的特性，是心智活动能做哪些事情以及顺利做这些事情的本领；行为能力是行为活动的特性，是行为活动能完成哪些任务以及顺利完成这些任务的本领。

心智能力和行为能力有紧密的联系。心智能力和行为能力结合在一起，构成智能的整体。心智能力和行为能力都是通过不同层次、不同种类的集成过程而集成的，它们都具有复杂的结构。

心智能力是智能的一个方面，它是由觉醒—注意能力、认知能力、情感能力、意志能力等各种智能成分集成的；其中每一种智能成分又包括许多具体能力，如认知能力是心智能力的一部分，它本身包括感觉能力、知觉能力、记忆能力、思维能力、语言能力等许多具体能力；其中每一种具体能力又有结构，例如思维能力是认知能力的一部分，它是由分析能力、综合能力、理解能力、推理能力等集成的。

行为能力是智能的另一个方面，它是由运动能力、操作能力、适应能力、社会能力等各种智能成分集成的；其中每一种智能成分包括许多种具体能力，例如社会能力是行为能力的一部分，它本身包括人际行为能力、管理行为能力、表达能力等许多具体能力。

（4）存在不同层次的、多种多样的智能成分和具体能力。上面提到的觉醒—注意能力、认知能力、情感能力、意志能力等，都是心智能力包含的智能成分。行动能力、操作能力、适应能力、社会能力等，都是行为能力包含的智能成分。

上面提到的感觉能力、知觉能力、记忆能力、思维能力、计划能力、语言能力等，都是与认知能力有关的具体能力。

总之，智能不是单一的一种成分，而是有许多种成分；不是单一的一种具体能力，而是有许多种具体能力。各种智能成分和具体能力结合在一起，智能是集各种智能成分和具体能力之大成的复杂的统一体。对于复杂的智能，不能只用一种指标来描述。

（5）智能活动中存在不同层次的、多种多样的集成作用。智能活动中有多种心理相互作用，如心理成分相互作用、心脑相互作用、心身相互作用、心物相互作用、心理—社会相互作用等。智能活动是通过多种心理相互作用实现的。

从心智活动来说，觉醒—注意、认知、情感、意志等各种成分，通过彼此间的相互作用以及心脑相互作用集成为心智活动。从心智活动中的认知过程来说，感觉、知觉、记忆、思维、语言等各种成分，通过彼此间的相互作用以及心脑相互作用集成为认知活动。从认知活动中的思维过程来说，分析、综合、理解、推理等通过彼此间的相互作用以及心脑相互作用集成为思维活动。从行为活动来说，也有类似的情形。

在智能活动中，各种心理相互作用把不同的智能成分集成起来；在各种集成统一体中，这些智能成分不是简单的叠加，而是有机的集成；各种智能成分不是独立无关，而是不断进行着相互作用。

（6）在心智活动和行为活动中存在不同层次和不同种类的集成过程。在智能活动的集成过程中，许多不同的智能成分通过集成作用而形成不同层次的各种集成统一体。

心智活动和行为活动都是复杂的过程。在心智活动方面，有觉醒、认知、情感、意志等各种心理成分的集成过程。在行为活动方面，有行动、操作、适应行为、社会行为等各种行为成分的集成过程。以心智活动中的认知成分来说，有感觉、知觉、记忆、思维、计划、语言等心理活动集成的过程。以认知成分中的思维活动来说，有分析、综合、理解、推理等心理活动集成的过程。

在心智活动和行为活动的集成过程中，常常存在优化、同步、协调等现象。

（7）智能集成过程是主动的过程。在心智活动中和行为活动中，存在主动的集成过程。心智和行为通过主动的集成过程形成统一体。以认知活动中的知觉为例，人对外界刺激的多种感受不是简单叠加，而是通过集成过程，在过去知识和经验的基础上，主动地由当前的各种感受构建认知模型，形成对事物的整体认识。以认知活动中的记忆为例，人的长时记忆不是事件的堆砌，而是通过集成过程主动地对记忆资料进行组织，形成既有分类又有联系的记忆网络。

在一定条件下，智能集成过程中会涌现新的功能。例如在长期的、主动的思维活动中，可能会出现新的思路，从而得到新的结果。

（8）智能的发展性。从种系进化来说，人类的智能是进化的产物。从个体一生的发育和生长来说，个体各种智能成分和具体能力都不是固定不变，而在先天遗传的基础上、在后天实践中通过智能集成过程而不断发展。因此，集各种智能成分之大成的整体智能是不断发展的。

智能集成是一个不断进行的过程。集成过程常具有阶段性，而不是一次完成的。要研究智能的各种成分和具体能力的发展，研究它们随着时间变动的规律。

（9）智能的个体差异。由于个体先天条件有差别，以及个体后天实践和学习过程中智能成分、集成作用、集成环境和集成过程的多样性，不同个体的智能有差异。

不同个体的智能成分和具体能力千差万别，但总是各有所长，又各有所短，对不同个体的智能不能用同一种标准一律要求。

(10) 智能的培养和提高。个体的智能是可以培养的，智能水平是可以提高的。如前所述，许多因素对智能有影响，除遗传和营养等生物学因素以及环境和教育等因素外，自觉的学习和实践对智能水平的提高起决定性的作用。

提高智能水平并不取决于单一因素而要从许多方面入手。在个体遗传的基础上，健全的智能成分、能动的集成作用、丰富的集成环境和协调的集成过程是提高智能水平的关键。要通过长期的、主动的学习和实践，促进各种智能成分和具体能力的协调发展。

在智能理论的集成方面，智能集成论的要点是：

(1) 智能理论的发展。智能集成论强调智能理论的集成过程，认为智能理论发展的过程是在已有的智能认识的基础上，对智能研究中新现象、新概念、新理论进行集成的过程。随着人们对智能认识的扩展和深化，智能理论不断发展。

(2) 智能研究取向的集成。当代智能研究有多种不同的研究取向，它们分别侧重考察智能活动中不同种类的心理相互作用。基于心理相互作用及其统一理论的智能的统一研究取向，是对当代智能研究的各种不同研究取向进行集成的一种新的研究取向。

智能集成论是根据这种研究取向提出的智能理论，它对智能活动中所有各种心理相互作用进行全面的研究，而且注重各种心理相互作用的统一性。

(3) 具体智能理论的集成。智能集成论是对当代各种具体智能理论的有益成果进行集成的理论。现有的多种多样的智能理论各有一定的实验依据和长处，它们可以互相补充。智能集成论把这些具体智能理论的有益成果集成起来，因而包含了智能的认知理论、智能的因素分析理论、智能的生物学理论、智能的情绪理论、智能的具身理论、智能的情境理论、智能的社会理论等许多理论的有益成果，形成比较完整的智能理论。

虽然智能集成论包含大量的具体智能理论的有关内容，但它并不是这些具体智能理论的简单汇总，而是按照心理相互作用及其统一的观点，对这些具体智能理论的许多有益成果进行集成而构建的新理论。

前面几节阐述了我们的智能理论框架的内容，这个理论框架包括了根据经验事实提出的一些观点和理论。在智能理论框架中，心理相互作用及其统一理论是基础；广义的智能定义、智能的统一研究取向以及智能集成论构成了智能理论框架的主体，它们都建立在心理相互作用及其统一理论的基础之上。

图 3.6 是这个理论框架的示意图。图中一条研究途径是：提出广义的智能定义，从这个定义出发，讨论智能的结构和智能的过程，再研究智能的集成。图中另一条研究途径是：提出智能的统一研究取向，再研究智能理论的集成。智能集成的研究和智能理论集成的研究两方面构成了智能集成论的理论。

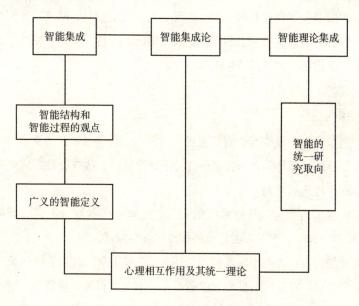

图 3.6　智能理论框架的示意图

附录

附录一 一些学者关于智能的观点和理论

本附录收集当代我国一部分学者智能研究的资料，以及近代国外一部分学者关于智能的观点和理论。因收集到的资料有限，遗漏与不当之处请读者指正，以便以后补充和修改。

一、国内部分

当代我国许多学者曾对智能进行过研究，提出过许多关于智能的观点。下面是一部分学者的智能研究的不完全资料，这些资料大致按论著发表的年代先后排列。

1. 潘菽对智能进行过系统的研究。他和合作者在《人类的智能》（潘菽 1985）一书中对人类智能的特点有许多阐述。

他们指出：人类不仅能够适应环境、求得生存，而且能够认识世界和认识自己，以及改造世界和改造自己。人类会思维，有语言，制造工具，并能动地改造世界。人类的智能就是人类认识世界（及自己）和改造世界（及自己）的才智和本领。

《人类的智能》一书把感知觉、思维、言语文字、学习记忆、意向行动（包括注意、情绪、意志、行动）等各种心理过程都当做智能的构成部分，进而提出："心理学是研究人类智能问题的一门科学。"

他们认为，人类的智能可以通过学习来获得，并且在实践中不断发展。"人类学习的潜力是无限制的，人类的智能会不断地向前发展。"

2. 陈立对智能也进行过多方面的研究。在《陈立心理科学论著选》及续编（陈立 1992, 2001）中，有许多关于智能的文章，其中有讨论城市与乡村居民智力比较的文章，有对 PASS 智力模型的看法的文章，有对 Spearman 的工作进行介绍和评论的文章等。

陈立还研究了儿童智力的发展，他在"儿童色、形抽象的发展研究"和"色、形爱好的差异"等论文中，考察了儿童抽象概括能力的发展。他指出，儿童智力形成和发展的历史，是以"缩影"的形式，重现着人类意识的形成和发展的历史；因此，开展儿童智力的研究，探索儿童智力形成和发展的规律，可以进一步揭开意识起源的秘密。

3. 我国许多心理学家专门进行过智力研究。早期的例子是，章志光等（1961）探讨过素质和能力问题。

关于我国几位心理学家在 20 世纪 80 年代发表的研究成果曾有专著进行过介绍。在《智力心理学的研究进展》（白学军 1996）一书中，介绍了燕国材、林传鼎、吴福元等许多学者对智力结构及其组成要素的研究（如燕国材 [1981]、林传鼎 [1985] 等），以及吴天敏、林崇德、冯忠良等许多学者对智力开发的研究（如吴天敏 [1983，1985] 等）。其中林崇德（1992）提出思维三棱结构发展理论，认为思维是智力的核心，此外智力还包括感知、记忆、想象、言语和操作技能等。

在《思维心理学》（刘爱伦等 2002）一书中，介绍了我国几位心理学家的智力观点，包括林传鼎、吴天敏、朱智贤、陈孝禅等许多学者的智力观（如陈孝禅 [1983]、朱智贤等 [1986]）。吴天敏（1980）在"关于智力的本质"一文中提出基于脑神经活动的智力定义。

4. 张厚粲进行过我国儿童心理测验的研究，并且应用心理统计和心理测验的理论，主持了"中国儿童发展量表"的编制。她还研究了中国大众的智力观，调查了大众对高智力儿童重要特性的看法，以及大众对高智力成人重要特性的看法等（张厚粲等1994）。

5. 荆其诚等（2003）研究过我国独生子女的心理学。杨玉芳（2003）在"中国心理学研究的现状与展望"的综述文章中，叙述了我国心理学研究的现状，介绍了心理学中四个有代表性的专业领域的发展情况，以及我国心理学家的若干重要研究成果；在发展与教育心理学领域方面，这篇文章介绍了荆其诚等的成果。

6. 查子秀等对超常儿童心理进行过系统的研究。为研究超常儿童的智力，专门组织了超常儿童追踪研究组，对超常儿童进行了调查。调查的结果表明，超常儿童几乎都有优越的早期教育，说明理想的早期教育是超常儿童成长的重要条件（查子秀1993）。

7. 彭聃龄、舒华及合作者对汉语儿童语言发展进行过系统的研究。他们发表了许多关于儿童语言发展的著作，其中特别关注汉语儿童从幼儿到儿童、少年、再到青年期语言能力的发展和变化，包括母语和第二语言能力的发展和变化；还研究了环境文字和亲子交往对儿童语言能力发展的影响等（彭聃龄等2008）。

8. 韦钰在儿童的科学教育方面进行过大量的工作，积极提倡并组织实施"做中学"科学教育。"做中学"科学教育是在教师的指导、组织与支持下，以学生为中心，实现学生主动参与、动手动脑的探究式科学教育。她与Rowell专门写了《探究式科学教育教学指导》（韦钰等2005）一书，用于对中国教师进行这方面的培训。

9. 与上述研究相关，陆祖宏等对中国儿童情绪发展进行从基因到行为的跟踪研究，特别从与情绪有关的功能基因及神经递质两个方面，进行情绪的分子基础研究，并且构建了中国儿童情绪发展的数据库（Lu 2008）。

10. 董奇等进行过儿童创造力发展的研究。在儿童创造力发展心理学领域，对儿童智力特别是数学加工和计算能力进行了研究（董奇1993，董奇等2002）。从2006年到2009年，董奇等组织200多位专家的研究团队，开展了我国儿童青少年心理发育特征的研究，他们进行了近十万名学生的大规模的儿童青少年心理发育调查，完成了中国儿童青少年心理发育特征国家基础数据库；他们从认知能力、社会适应、学业能力和成长环境四个方面建构我国儿童青少年的心理发育常模，并出版《中国 6—15 岁儿童青少年心理发育关键指标与测评》（董奇等 2010）一书。

11. 在智能的脑功能研究方面，近年来我国一些学者进行过脑功能成像实验和脑电实验，还提出关于智能活动脑机制的观点。例如：珠心算的脑功能成像实验（Chen et al 2006a, 2006b）、智力的脑电实验（Zhang et al 2006, 2007），以及脑的自发功能连接与智能关系的实验（Song et al 2008）等。

12. 近年来国内出版了不少书籍，对当代智能研究进行介绍。例如：林崇德、沈德立在 1996 年主编了"当代智力心理学"丛书，从多方面介绍当代智力研究的成果，其中有《智力心理学的研究进展》（白学军 1996）、《智力研究的实验方法》（沃建中 1996）等著作。张春兴在 1998 年主编了一套"世纪心理学"丛书，其中包括发展心理学和学习心理学方面的专著（张春兴 1998）。

13. 华东师范大学出版社在对国外智力研究的介绍与评论方面进行了许多工作，1999 年起出版了"当代心理科学名著译丛"，其中有一些是涉及教育与发展心理学（含智力理论）的国外著作。在译丛各书的"译者序"中，我国学者除对国外有关著作进行全面介绍外，还提出了自己的观点。例如：李其维、金瑜（1999）为《认知过程的评估——智力的 PASS 理论》一书写的"代译序"；俞晓琳、吴国宏（2000）为《超越 IQ——人类智力的三元理论》一书写的"译者导言"；缪小春（2001）为《超越模块性——认知科学的发展观》一书写的"译者序"；邓赐平（2002）为《认知发展》一书写的"译者序"等。此外，还有吴国宏、钱文（1999）为《成功智力》一书写的"译者的话"。

14. 为介绍儿童智力发展心理与行为方面的研究成果，2004 年沈德立主编了"儿童心理与行为研究书系"。该书系介绍国内外研究者在阅读发展心理学、创造力发展心理学、社会性发展心理学、道德发展心理学、学习能力发展心理学、发展心理病理学等领域中的研究成果，在书系的各册著作中表达了作者的见解。

15. 近年国内出版过智能领域的一些著作，如《思维心理学》（邵志芳 2007）、《思维、智力、创造力——理论与实践的实证探索》（谢中兵 2007）、《儿童发展概论》（秦金亮 2008）等。

16. 最近吴祖仁（2009）研究了智能的评价标准。他认为，很难用智商和情商对创新型人才的心理品质进行全面准确的评价，智商和情商很难反映一个人在面对一个机遇、创意、计划时所表现出来的，在行动上、在实施过程中、在技术层面上和在操作层面上的品质。因此，他建议在智商和情商的基础上增加一个新的评价维度，称为"行商"（Action Quotient），它是行为、操作、技术、技巧、创造力、实践力等方面的品质的评价指标。

二、国外部分

下面介绍近代国外一部分学者关于智能的观点和理论。有关资料按作者姓名的英文字母为序，先后列出。

1. Anderson 关于智能的观点

Anderson 把智能看做是认知的构建（cognitive architecture）。他认为：脑内存在智能的功能模块，不同的功能模块对应于不同的特定脑区；在完成一项认知任务时，各个主要功能模块协同工作，进行信息加工；在功能模块内部及功能模块之间的信息加工，既有串行加工，也有并行加工（Anderson et al 2004）。

Anderson 的认知构建理论称为 ACT 理论，ACT 是 Adaptive Control of Thought（思想的适应性控制）的缩写，它是 Anderson 和 Bower（1973）在讨论人的联想记忆（Human Associative Memory，HAM）时提出的知识表征与信息加工模型。这个模型包括陈述性记忆、产生式记忆、工作记忆等几个记忆系统，以及信息的存储、提取、匹配、执行和利用等操作过程。后来 ACT 理论发展为 ACT* 和 ACT-R 理论，它们可参见有关文献（Anderson 1983，Anderson et al 2004）。

在 ACT-R（R 代表 Rational，ACT-R 即理性思想的适应性控制）理论中，主要的信息加工功能模块有感知—运动功能模块、目标功能模块和陈述性记忆功能模块等。Anderson 等从 ACT－R 理论出发，计算了完成一项认知任务的时间过程。他们还提出了由功能核磁共振脑成像（fMRI）逐次扫描的数据来推断受试者脑区活动的方法（Qin et al 2004，Anderson et al 2008）。

2. Barlow 关于智能的观点

Barlow 认为智能包括两方面能力，一是正确进行预测的能力，即有效地利用现有信息而作出正确的（而不是错误的）结论；二是发现意料之外的秩序的能力，发现意料之外的秩序能够改善预测的效果（Barlow1983）。

他说，可以利用统计决策理论和信息理论来更好地理解智能。他用统计观点讨论预测效率、学习效率，以及减低冗余度等问题。他认为，由不完全的资料得出结论，需要减低感觉器官接收的过多信息的冗余度。

他指出，人的智能的一个重要因素是语言。语言不但起交流的作用，而且具有组织脑内表征的作用。

3. Binet 关于智能的观点

Binet 认为，智力是学习、思维等方面的能力，这些能力是可以用定量的指标来评定的。

1905 年 Binet 和 Simon 为对智力较低的儿童进行鉴别，设计了一种确定儿童学习能力的方法，编制了世界上第一个智力测验量表，即比奈—西蒙智力量表（Binet-Simon Scale）。这些量表给出各种作业的成绩，据此可以判定儿童智力的高低（Binet et al 1916）。Binet 等人的工作对后来的智力测验产生了很大的影响。

4. Brooks 等关于智能的观点

20 世纪 80 年代初，Norman（1981）指出，人不仅是一个符号加工系统，而且是有生命的存在，具有生物的属性，并且与他人及环境作用。

20 世纪 90 年代初，Brooks（1991）在"没有表征的智能"一文中提出情境认知（亦称现场认知）的理论，其中包含认知主体与环境相互作用的观点，认为感知和思维通过行为作用于外部世界。情境认知既包括自然情境认知，也包括社会情境认知。其后 Clark（1998）的情境认知理论强调认知主体的能动性。

Brooks（1999）指出，认知主体利用躯体和感知器官，特别是视觉系统，进行认知活动；因此认知行为是具身的，主体有对周围环境的直接体验。他说，由感官输入监控的认知主体的行为，只有在合适的环境中才是主动积极的。他批评物理符号系统理论，认为在那种理论中，把符号加工的内部场所、符号的意义世界以及外部世界三者相互分离，是不正确的。

情境认知理论强调，认知主体处于直接影响其行为的情境之中，认知主体与环境存在实时的作用。这种理论认为，认知主体的行为是由具有动态结构的目标驱动的，并不涉及抽象的表征；在认知主体的实践活动中，认知主体与环境耦合在一起；知觉和动作有紧密的联系，动作需要通过知觉来协调，知觉又是由动作导向的；人可以通过学习来改变自己的行为，从而更好地适应环境，并且获得对环境的认知。

5. Calvin 的智力演化观点

Calvin 在《大脑如何思维——智力演化的今昔》（卡尔文 1996）一书中讨论智力。他列举人类智力的以下一些特征：语言和预见行为是智力的重要方面，人们在生活中频繁地发出对下一步将发生什么的预测；学习的速度与智力有关；衡量智力的一个因素是能做多少种动作，智力还包括精神活动中的想象力、效率；等等。

他提出"思维是瞬间的达尔文过程"的观点，认为人类智力是由许多脑区参与的过程，可以用脑内神经活动的时空模式和竞争机制来解释。

6. Carroll 的层次性智力观点

Carroll（1993）用因素分析方法研究人类的认知能力。他认为智力具有层次性结构，这一结构包括顶层、中层和底层。其中顶层是一般能力；中层是一些比较宽的能力，例如学习记忆能力、产生观念的能力等；底层是许多比较窄的特殊能力，例如拼音能力、理解速度等。

7. Cattell 的智力型态理论

Cattell 研究人格特质理论和人格因素分析，认为智力特质是在知觉和运动方面表现的特质。

他把智力分为两类不同的型态，即流体智力和晶体智力（Cattell 1971）。他认为这两类型态智力的内容不同：流体智力主要受先天因素制约，如基本信息加工能力、机械记忆能力、图形辨别能力等，它们受教育和文化的影响较少；晶体智力主要与后天习得有关，如运用已有的知识及学得的技能，吸收新知识或解决新问题的能力等，它们与知识经验的积累有关。

他提出，可以用不同的测试方法来分别评定这两类型态的智力。例如用归纳推理测试方法来评定流体智力，用词汇测试等知识积累性的测试方法来评定晶体智力。

Cattell 等还研究过这两类型态的智力随年龄变化的情况，观察到两者的发展过程不同。流体智力在出生后发展很快，到 40 岁左右开始下降；晶体智力则由于和个体知识的积累及经验的获得有关，一生中一直在发展。

8. Das 等的 PASS 智力理论

Das 和 Naglieri 研究智能活动中的信息加工过程，提出智能的计划—注意—同时性加工—继时性加工模型（Planning-Attention-Simultane-ous-Successive processing model），简称 PASS 智力模型（Naglieri et al 1988，1990；Das et al 1994）。

Luria（1973，1980）认为脑有三个功能系统。PASS 智力模型是建立在 Luria 的脑的三个功能系统学说基础上的信息加工模型，认为智力有三个认知功能系统，分别是注意—唤醒系统、同时性加工—继时性加工系统和计划系统。

在 PASS 智力模型中，注意—唤醒系统的功能相应于 Luria 学说中脑的第一功能系统的功能。这个系统在智力活动中起激活和唤醒作用，它会影响个体对信息进行编码加工的功能和作出计划的功能。

PASS 智力模型中的同时性加工—继时性加工系统的功能，相应于 Luria 学说中脑的第二功能系统的功能。这个系统负责对外界刺激信息的接收、解释、转换、再编码和存储。它的认知功能在加工方式上有两种类型，一种是若干个加工单元同时进行信息处理的同时性加工方式，即并行加工方式；另一种是几个加工单元先后依次对信息进行加工处理的继时性加工方式，即序列加工方式。

PASS 智力模型中的计划系统的功能，相应于 Luria 学说中脑的第三功能系统的功能。这个系统负责认知过程的计划安排，在智能活动中确定目标、制订和选择策略，并对操作过程进行监控和调节。

PASS 智力模型包括信息输入、感觉登记、中央加工器和指令输出等单元。在上述三个系统中，注意—唤醒系统是基础，使大脑处于合适的工作状态。同时性加工—继时性加工系统处于中间层次，是智能活动中主要的信息操作系统。计划系统处于最高层次，是整个认知功能系统的核心，具有认知过程的计划、监控、调节、评价等高级功能。这三个系统协调配合，保证智力活动顺利进行。

9. Deary 等关于智能的观点

Deary 等（1996）强调，要研究智能行为背后的心理过程，即个体对从外部世界学习到的和知道的内容所进行的心理操纵过程。

他们认为，信息加工有简单的加工和复杂的加工。在进行简单的信息加工时，检测时（inspection time）反映了对简单刺激的信息获取和加工时间的长短。对于简单的信息加工，可以通过检测时的长短来确定智力水平的高低。

10. Eysenck 关于智能的观点

在 Eysenck 主编的《一个智力模型》（Eysenck 1982）一书中，有许多文章从生物心理学的角度来讨论智力，认为智力的个体差异取决于生物学因素。

Eysenck 说，要从三个方面考察智力，一是生物学智力，二是由心理测验评定的智力，三是社会智力，这三个方面是相互联系的。他认为心身是一个连续统一体，并且强调遗传对智力差异起决定作用（艾森克 1999）。

11. Gardner 的多元智力理论

Gardner（1983，1993）认为，智力是使个体能够解决问题或产生符合特定文化背景要求的成果的能力，智力是复杂而多元的。

他提出存在七种智力，认为各种智力是相对独立的，每种智力具有单独的功能系统；这些系统之间可以相互作用，从而产生外显的智力行为。这七种智力是：

（1）言语智力——例如阅读、书写、听话、说话的能力。相关的脑区是大脑的布洛卡（Broca）区，它在把单词组成句子时起作用。

（2）逻辑和数学智力——例如逻辑思维和解决数学问题的能力。大脑皮层一些脑区在做逻辑推理及数学证明题时起作用。

（3）空间智力——例如认识环境和辨别方向的能力。大脑右半球在判断空间位置时起作用。

（4）音乐智力——例如对声音辨别和韵律表达的能力。大脑右半球在这些方面起作用。

（5）身体运动智力——例如支配身体完成精密作业的能力。大脑皮层的运动区控制身体的运动。

（6）人际交往智力——例如与他人交往的能力。大脑前额叶在人际关系的知识方面起作用。

（7）自我认识智力——例如认识自己并选择自己生活方向的能力。大脑额叶在这方面起作用。

一些学者对以上这些智力是不是智力的全部，以及它们是不是各自独立的，还有争议。

12. Gibson 关于智能的观点

1979 年 Gibson 在《视知觉的生态学取向》一书中提出认知的生态

现实理论。他认为，认知不是简单地发生在个体的脑内，而是发生在个体与环境的相互作用之中（Gibson 1966，1979）。

这种理论强调认知决定于环境；环境的主要特性是其不变性关系，它们可以被认知主体获取；在认知过程中，个体直接从环境中提取不变性关系而不进行计算，因此加工过程是"非算法"的。

生态现实理论在讨论认知过程时还引入振荡系统和非线性动力系统等观念。

13. Gottfredson 关于智能的观点

Gottfredson（1997）把认知和智力等同起来，他归纳过许多智力研究者关于智力的定义，认为"智力是一种非常普遍的心理能力，它包括推理、计划、解决问题、抽象思维、理解复杂观念、快速学习、从经验中学习，以及其他方面的能力"。

14. Guilford 的智力三维结构理论

Guilford（1967，1977）认为，不能只在一个维度上考虑智力的结构，而要从三个不同的维度对智力加以分类。他提出了以内容、操作、产品为三个维度的智力三维结构模型。

这个模型指出，每一项智力活动都涉及上述三个维度。其中智力活动的"内容"是指加工信息的类型，它分为五类，即图形（视觉与听觉）、符号、语义和行为。智力活动的"操作"是指心理加工的过程，它分为五类，即认知、记忆、发散思维、辐合思维和评价。智力活动的"产品"是指智力活动操作所得到的结果，它分为六类，即单元、分类、关系、系统、转换和蕴合。把上述三个维度组合起来，就形成包含有150种可能的智力因素在内的整体的智力结构。

15. Hawkins 等关于智能的观点

Hawkins 等（2004）在《人工智能的未来》一书中提出智能的记忆—预测观点，认为智能是人脑比较过去和预测未来的能力。

这本书着重讨论了大脑皮层的工作原理，强调智能是脑的内部特征，必须通过研究脑的内部活动来探究智能；如果忽略脑内活动而只关心行为，就不能理解智能。

他们认为，大脑皮层的主要功能是进行预测，由正确的预测形成理解；大脑能够不断地预测将要看到、听到和感觉到的东西，这些预测与感觉输入信息相结合而形成知觉；为了对未来发生的事情作出预测，大脑必须存储一系列模式；大脑必须提取相应的记忆，并且根据新旧模式之间的相似性来检索这些模式；大脑必须以恒定表征把这些记忆存储起来。

16. Hofstadter 关于智能的观点

Hofstadter（1996）归纳过智力的各种表现，如：

（1）对情景有很灵活的反应。

（2）充分利用机遇。

（3）弄懂含糊不清或彼此矛盾的信息。

（4）在一个情景中，认识到什么是重要的因素，什么是次要的因素。

（5）在存在差异的情景之间发现它们的相似之处。

（6）在那些由相似之处联系在一起的事物中找出差别。

（7）从旧的概念综合出新的概念，把它们用新方法组合起来，并且提出全新的概念，等等。

他曾对人工智能的研究状况作过这样的评论："有些时候，当我们朝着人工智能方面前进一步之后，却仿佛不是造出了某种大家都承认的、确实是智能的东西，而只是弄清了实际上智能不是哪一种东西。"

17. Hunt 关于智能的观点

Hunt（1983，1995）指出，用目前的智力测验方法，不可能找到智力的个体差异的原因。他认为，智力的个体差异来源于个体认知过程的差异；不同个体在认知过程中，会在以下三个方面采用不同的方法：

（1）在对问题进行内部的心理表征时，不同的个体会选择不同的方法。

（2）在操纵心理表征时，不同的个体会选择不同的策略。

（3）在实施策略而进行信息加工的步骤中，不同的个体会具有不同的能力。

他认为，研究不同的个体在解决问题时所采用的不同方法，可以了解个体智力差异的原因。

18. Lakoff 等关于智能的观点

Lakoff 和 Johnson（1999）指出，心智本质上是具身的。他们的智能理论是具身认知理论。这种理论强调，身体是认知主体与外部世界接触的界面，认知活动是从以身体经验为基础的感知觉和身体的运动开始的，因而具身是认知的必要条件。

他们指出，因为认知主体总是参与到一定的情境之中，而且通过相互作用和情境耦合起来，所以个体与其所处的环境之间的作用在认知过程中有重要意义。

19. Newell 的智能理论

Newell（1990）列举过认知的许多特性：

（1）有灵活的、随着环境改变的行动。

（2）显示出适应性的、理性的、目标定位的行为。

（3）实时性操作。

（4）能在丰富、复杂、详细的环境中运作，如感知大量的、变动的环境细节，以及控制多个自由度的运动系统。

（5）能利用大量知识。

（6）能利用符号和进行抽象。

（7）能利用语言，包括自然的语言和人工的语言。

（8）能通过环境和经验进行学习。

（9）能通过发展获得能力。

（10）能在社会条件下自动地运作。

（11）有自我觉知，有对自我的感觉。

（12）由神经系统实现认知。

（13）由胚胎发育过程构建认知。

（14）认知通过进化而来。

从上述这些特性，可以看到认知的多样性和复杂性。

1972 年 Newell 和 Simon 发表《人类的问题解决》一书。他们提出认知的物理符号系统理论，认为认知活动是以物理符号来表征的，认知过程是个体对这些物理符号进行计算。1990 年 Newell 提出的认知的构建理论，是认知的物理符号系统理论的发展。

按照 Newell 和 Simon（1972）的观点，脑内存在对外部世界符号（称为物理符号）的表征，而认知是在离散的时间对符号表征进行计算操作。

这种观点实际上是建立在计算机隐喻的基础之上。他们把人的脑比喻成计算机，把人的心智比喻成计算程序，把认知过程看做像计算机的计算过程那样，是对输入的符号进行信息加工然后输出的过程。在这种认知理论中，基本的概念是表征和计算，对认知的理解基于表征和计算，认知的内在信息加工等同于计算机按一定的规则进行计算操作。

Newell 等的认知构建理论称为 SOAR 理论，这是一个可以当做人工智能系统的计算机程序（Laird et al 1986，Newell 1990）。SOAR 是 State, Operator And Result（状态、操作和结果）的缩写，它模拟人解决问题的计算机程序，并且能够从经验中学习。

Newell 把 SOAR 理论当做是认知的统一理论的一个范例。在他 1990 年发表的书中，对 SOAR 理论进行了详细的介绍。他在说明认知科学的基础后，分析了人类认知的层次性构建，讨论了智能的符号加工，提出了认知的计算机模型（Newell 1990）。他按认知加工过程中不同的时间尺度，讨论了认知以下三个方面：即时行为，记忆、学习与技能，以及有意向的理性行为。他还讨论了如何把 SOAR 理论应用于说明认知过程中这三个方面的符号加工。

20. Piaget 关于智能的观点

Piaget 把智能、认知、思维、心理等概念等同起来。Piaget 研究智力的发展，他把智能看做是一种使个体和环境取得平衡的适应（Piaget, 1983），认为智力发展是个体通过与环境相互作用而不断地适应变化着的环境的过程。

他提出，智力具有图式结构。个体在与环境相互作用中，通过同化、顺应和平衡化的机制，不断进行自我建构，使认知结构得以形成和发展。

21. Salovey 等的情绪智力理论

Salovey 和 Mayer（1990）提出情绪智力理论。情绪智力是指个体监控自己及他人的情绪和情感，并且识别和利用这些信息指导自己的思想和行为的能力。

他们认为，作为人类社会智力的一个组成部分，情绪智力是人们对情绪进行信息加工的一种能力。情绪智力包括以下三个方面的心理过程：

（1）准确识别、评价和表达自己和他人的情绪。

（2）适应性地调节和控制自己和他人的情绪。

（3）适应性地利用情绪信息，从而有计划地、创造性地激励行为。

情绪智力不同于数学、逻辑等方面的智力，它涉及情绪过程。在认知他人情绪方面，情绪智力的概念和 Gardner 的多元智力理论中人际交往能力有关，也和 Thorndike 的社会智力及 Sternberg 的实践性智力有密切的关系。

情绪智力对成功有重要作用。善于了解和调整自己的情绪，不但有利于个体的心身健康，而且能够促进个体的思维活动。善于了解和分析他人的情绪，有利于和他人进行交流，并促进个体与他人和谐相处。情绪智力是可以学习和教育的，是随着年龄发展的。

Goleman（1995）和 Mayer 等（1997）进一步发展了情绪智力的理论。近年来 Taksic 等（2004）还制定了情绪智力的量表。Goleman 在《情绪智力》一书中提出"情商"的概念，它是情绪智力高低的指标。他认为，真正决定一个人成功与否的，是情商而不是智商。

22. Snow 等关于智能的观点

Snow（1980）和 Sternberg（1984）讨论了类比、完成系列问题、演

绎推理等复杂信息加工的过程，认为可以将智能分为各种成分，例如：把感觉输入转换为心理表征的成分，把一种概念表征转换为另一种概念表征的成分，以及把概念表征转换为动作输出的成分等。

他们的研究表明，智力水平高的人用更多的时间进行问题编码和制订一般战略，而用较少的时间实现任务。由于他们对全局计划所花的时间多，就增加了正确完成任务的可能性。

23. Spearman 的智力二因素理论

Spearman（1904，1927）提出智力二因素理论，认为智力是由一般因素（即 g 因素）和特殊因素（即 S 因素）两种因素构成的。

按照他的观点，一般因素在所有智力活动中都起作用，而特殊因素在特定活动和作业中起作用。人在完成任何一种作业时，都有一般因素和特殊因素参与。一般因素与许多特殊因素结合在一起，组成人的智力。

Thorndike（1913）也曾提出能力的因素学说。

24. Sternberg 的三元智力理论和成功智力理论

Sternberg（1985）从信息加工的角度讨论智能活动的内部机制和心理过程。他提出三元智力理论，其中包括三个亚理论：成分亚理论、经验亚理论和情境亚理论。

Sternberg 强调，一个完备的智力理论必须考虑智力的内在成分、智力成分与经验的关系，以及智力成分的外部作用三个方面，他提出的三元智力理论从个体内部世界、外部环境、联系内部和外部的知识经验三个方面阐述智力的结构。

成分亚理论说明智力包括的内在成分，认为智力有三种内在成分，即元成分、操作成分和知识获得成分，它们有相应的三种过程。元成分的功能是对其他成分的运作进行计划、评价和监控；操作成分的功能是执行元成分的指令，进行各种具体的认知加工操作，同时为元成分提供反馈；知识获得成分的功能是在获取和保存知识时进行信息加工。

经验亚理论说明个体的经验水平与智力之间的关系，认为智力包括处理新任务和面对新环境时所要求的能力，以及信息加工过程自动化的能力。

情境亚理论说明智力与外部世界的关系，认为在日常生活中智力表现为有目的地适应环境、塑造环境和选择新环境的能力。情境亚理论还考虑个体所处的社会文化环境对智力的影响。

后来 Sternberg 感到，许多智力理论还不足以解释现实社会中人的成功现象，因而又提出成功智力理论（Sternberg 1996）。

Sternberg 把成功智力分为分析性智力、创造性智力和实践性智力三个方面。其中分析性智力是进行分析、评价、判断、比较、对照的能力，创造性智力是面对新任务和新情境产生新观念的能力，实践性智力是将知识经验应用于适应、塑造和选择环境的能力。

他认为，成功智力是有机的整体，上述三个方面要协调地、平衡地发展。取得成功不仅要具有这些能力，还要考虑在什么时候、以何种方式来有效地实现这些能力。

25. Thelen 等关于智能的理论

Thelen 和 Smith（1994）提出动力系统认知理论。他们认为，认知系统是认知主体和环境耦合的动力系统。

Thompson 和 Valera（2001）提出动力系统认知的激进的具身观点。他们认为，认知是在认知主体与环境的动态相互作用中突现的。

动力系统认知理论把认知过程看做是神经系统不断激活、竞争选择和重新组合的自组织过程，这种过程不依赖于任何形式的表征和计算。他们还否认认知过程中关于表征的概念，强调动力系统认知过程是"无表征"的。

26. Thurstone 的智力群因素理论

Thurstone（1924，1938）提出智力的群因素理论，认为智力是由以下七种不同的基本心理能力构成的：

（1）言语理解能力——理解和有效利用言语的能力。

（2）词语流畅能力——迅速想起词汇的能力。

（3）数字能力——进行加、减、乘、除等基本运算的能力。

（4）空间能力——与空间物体及空间关系有关的能力。

（5）记忆能力——学习并且保持信息的能力。

（6）推理能力——认识并且利用抽象关系，以及概括和归纳过去的经验来解决问题的能力。

（7）知觉速度能力——迅速而准确地识别对象的能力。

27. Turing 关于智能的观点

Turing（1950）提出计算机能否具有智能的问题，他认为可以从行为来对此作出判断。例如：让人在一个房间里，把计算机放在另一个房间里，测试者在房间外面分别与他们对话，如果测试者通过对话不能分辨出哪一个是人、哪一个是计算机，就可以认为这台计算机是有智能的。

后来 Searle（1990）用中文屋的论点对此提出质疑。

28. van Gelder 等的智能的动力学观点

van Gelder 和 Port（1995）认为，脑不断和外部世界进行信息交流，因此研究认知必须考虑认知随时间的变化，要用动力学观点，才能对认知系统有最好的理解。

他们指出，脑、身体和环境都持续地发生变化，同时又彼此影响，认知过程是发生在由脑、身体和环境间相互作用而耦合在一起的一个整体的认知系统之中。环境是构成认知系统的一个部分，而不仅仅是被动的认知对象。因此，真正的认知系统是包含脑、身体和环境的统一的系统。

智能的动力学观点强调，脑、身体和环境是同步发展的；认知的基础是大量基本过程的协同工作；认知过程是协同的动力学过程，是这个系统的各个部分彼此影响的过程；系统内部与外部的相互作用持续地影响系统的变化方向。

29. Vernon 的智力层次结构理论

Vernon（1971）提出智力的层次结构理论。他认为，智力的结构是按层次排列的。智力的最高层次是一般因素;第二层次是大群因素,包括言语和教育方面的因素,以及操作和机械方面的因素;第三层次是小群因素,包括言语、数量、操作信息、空间信息、用手操作等;第四层次是特殊因素,包括各种各样的特殊能力。

30. Vygotsky 的智力的社会文化历史发展观点

Vygotsky (1978) 对儿童的心理发展过程进行研究,提出智力的社会文化历史发展观点。他认为,个体心理发展是在环境与教育的影响下,在低级心理机能的基础上逐渐向高级心理机能转化的过程;个体发展的成就不仅取决于个体的发育,而且依赖于社会、教育和环境的影响(王光荣 2004)。

31. 此外,还有许多其他的智力理论,如:

(1) Thorndike (1913) 的社会智力概念。

(2) Keating (1978) 和 Ford (1994) 的社会智力理论。

(3) Charlesworth (1979) 的智力的生态学理论。

(4) Cantor 等 (1987, 1994) 的人格的社会智力理论。

(5) Coles (1997) 和 Hass (1998) 的道德智力概念,道德智力是一种能区别道德方面对错的能力。

(6) Battro (2004, 2008) 的数字智力概念,等等。

有人还从其他角度讨论智能的特性,例如提出感知智力(使用全部感觉器官的能力)、空间智力(感受空间关系和移动物体的能力)、健康智力(促使自己身体健康的能力)、伦理智力(关怀他人的能力)等,还有人分别讨论过生态商和挫折商等概念。

本文作者:唐孝威

附录二 脑的四个功能系统学说

脑是由大约 10^{10} 个神经元及其突触联结所组成的复杂的网络组织。神经生物学、实验心理学，特别是脑功能成像的大量实验，使我们获得许多关于脑活动的知识 (Posner et al 1996)。脑内包括一些相对独立而又紧密联系的功能系统，在这些功能系统之间存在复杂的联系通路；脑的复杂活动是通过脑内功能系统来实现的，这些功能系统既有分工又有整合；心理活动是脑内功能系统协同活动的结果 (唐孝威 2003)。

Luria 对大量的脑损伤病人进行过临床观察和康复训练，观察到脑的一定部位的损伤会引起一定的心理功能的障碍；但脑的一种功能并不仅仅和某一部位相联系，脑的各个部位之间还有紧密的联系。Luria 根据研究事实，把脑分成三个紧密联系的功能系统，并且提出脑的三个功能系统学说。

Luria (1973) 在《神经心理学原理》一书中，阐明脑有以下三个功能系统：第一个系统是保证、调节紧张度和觉醒状态的功能系统，这个功能系统的相关脑区是脑干网状结构和边缘系统；第二个系统是接受、加工和储存信息的功能系统，这个功能系统的相关脑区是大脑皮层的枕叶、颞叶、顶叶等；第三个系统是制订程序、调节和控制心理活动与行为的功能系统，这个功能系统的相关脑区是大脑皮层的额叶等。人的行为和心理活动是这三个功能系统协同活动的结果。脑的三个功能系统的学说对了解脑的整体功能有重要意义。

然而我们注意到，除了这三个功能系统外，评估和情绪等心理活动对于脑的整体功能同样是必不可少的。由于当时实验资料的限制，在 Luria 的学说中并没有包括与评估和情绪等心理活动有关的功能系统，而目前实验提供的大量事实则越来越表明这些心理活动的重要性 (黄秉宪 2000)。

从实验事实看，评估功能是在许多心理活动中普遍存在的（Edelman et al 2000）。机体在进化过程中形成了适应个体和种系生存和发展要求的、对外界环境输入信息的意义进行评估的系统。在个体脑内在先天的评估结构基础上，机体根据过去的经验和当前的需要形成评估的标准；评估系统将输入信息的意义与评估的标准进行比较，从而给出评估结果；个体由评估的结果对信息按重要程度决定取舍及处理，对可能作出的反应作出抉择；经评估和抉择作出的决定，通过调节、控制的功能系统对机体状态进行调控，并对外界环境作出反应（黄秉宪 2000）。

脑内信息处理过程的每一步都需要对信息进行评估，因此脑内评估是在心理活动中不断进行的。脑内评估系统具有可塑性，它的评估标准随着个体学习过程而形成发展，并且不断发生变化。

脑内的评估—情绪功能系统与 Luria 提出的第二、第三功能系统有类似的组织结构。它也是一个多层次的系统。

情绪系统是评估—情绪功能系统比较基础的一部分，它对情境的整体信息进行评估，并产生强烈的主观体验和反应。在脑的高级部位，评估系统能够对特殊的信息，甚至对具体思维结果作精确的评估。

脑内对外界信息进行评估的结果，还会引起个体的情绪体验：符合个体需要或愿望的信息，有肯定性的评估结果，并可能产生正的情绪体验；不符合个体需要或愿望的信息，有否定性的评估结果，并可能产生负的情绪体验（Arnold 1960，Lazarus 1993）。

脑内杏仁核对奖惩相关的事件记忆起重要作用，所以杏仁核是与评估功能相关的脑区。中脑侧背盖区、黑质等处的多巴胺神经元能对预测的奖励与实际奖励的误差作出反应（Waelti et al 2001），这也可能是评估系统的部分。

边缘系统等与情绪功能有关的脑区（LeDoux 1996）也是评估—情绪功能系统的一部分。此外，前额叶的一部分可能是评估—情绪功能系统的高级部位。

为了弥补 Luria 的脑的三个功能系统学说没有涉及评估—情绪功能

的不足，我们在三个功能系统的基础上，把评估—情绪功能系统列为脑的第四个功能系统。因为对信息意义进行评估以及由此产生情绪体验，是脑的基本功能，而前面提到的调节紧张度和觉醒状态的功能系统，接受、加工和储存信息的功能系统，以及编制程序和调节控制行为的功能系统，都没有包括评估和情绪的功能。评估—情绪系统有别于其他几个功能系统，所以有必要把它专门列为另一个功能系统。

在以上讨论的基础上，我们发展 Luria 的脑的三个功能系统学说，提出脑的四个功能系统学说，认为脑内存在四个相对独立而又紧密联系的功能系统，即：第一功能系统——保证、调节紧张度和觉醒状态，第二功能系统——接受、加工和储存信息，第三功能系统——制订程序、调节、控制心理活动和行为，第四功能系统——评估信息和产生情绪体验。人的各种行为和心理活动，都是这四个功能系统相互作用和协同活动的结果。

评估—情绪功能系统和第一功能系统之间的相互作用表现为：保证、调节紧张度和觉醒状态的功能系统为评估信息意义和产生情绪体验的功能系统提供基础；而信息评估的结果和据此作出的抉择以及由此产生的情绪体验和作出的反应，则会影响调节紧张度和觉醒状态的功能系统的活动。

评估—情绪功能系统和第二功能系统之间的相互作用表现为：接受、加工和储存信息的功能系统为评估—情绪功能系统提供资料，而在接受、加工和储存信息的过程中又不断进行着评估；评估过程涉及对客观事件的感知、对事件意义的解释、对个体过去经验的提取和事件信息与储存信息之间的比较等；评估—情绪系统的评估结果和情绪体验会影响接受、加工和储存信息的过程。

评估—情绪功能系统和第三功能系统之间的相互作用表现为：评估功能系统的评估结果是编制程序、调节和控制的功能活动的前提；评估功能系统对信息的意义进行评估，选择其中对个体有重要意义的信息，送到编制程序、调节和控制的功能系统，指导它完成调控任务，使后者起调节和控制心理活动与行为的作用，达到期望的最终目标；而第三功能系统则影响评估过程的进行，并且进一步改变情绪体验。

本文作者：唐孝威、黄秉宪

原载于《应用心理学》2003 年第 9 卷第 2 期第 3—5 页

附录三　脑的发育与智能发展

第一节　脑的发育

大脑是我们思维的地方，然而人类对大脑的探索却起步很晚，所以对大脑的认识还是非常贫乏的。

20 世纪人们对大脑的认识开始有了较大的发展。但由于科技水平有限，所以即使到了三四十年代，大脑仍然被认为是一部简单的机器，它的活动情况类似于当时的电脑，也就是把基本的信息输入大脑后，会被储存在合适的空"盒子"里，然后在用的时候再把它拿出来。后来随着科技水平的发展、研究手段的改善，人们对大脑的认识也有了很大的进步。

大脑中的神经细胞与我们的思维有非常大的相关性，那么是否神经细胞的数目就决定了一个人智力或是潜在智力的高低呢？以前有专家一度这样认为过，而且很多人都认为脑"大"的人相对来说比较聪明，脑"小"的人相对来说就比较愚蠢。然而事实并非如此。决定智力的不是神经细胞的数目，而是细胞与细胞之间相互联系形成的脑整体的网络。每个细胞可以和其他细胞联系起来，借助生化电作用组成一个回路。整个大脑就是一个极度复杂的网络，智力的高低就决定于这个网络的有效性。

现代科学研究证明，即使是最为幼小、柔弱的婴儿也拥有超过人们想象的能力。心理学家的实验发现，刚出生 3 天的婴儿就可以把自己的视线集中在一个特定的物体上；出生半年后，就能区分形状、大小、远近、深浅、节奏、音频、气味、位置等不同特征的物体，而且还明显表现出对人脸形状的偏爱。婴儿具有非常强的学习能力，在很小的时候就能模仿成年人的表情；而在 4—5 个月的时候，他们就能解决一些简单的问题，形成一些初步的数学概念，能够区分不同的语音。关于人类婴儿能力的许多新发现使得我们对人脑的功能有了新的认识。

一、大脑的可塑性

在 20 世纪 60 年代以前，人们大多认为，从出生到成年，脑要经历一个成熟、发展的过程，到达一个顶点之后，然后开始下滑。但现在，我们更多地认为只要条件允许，便可以在相当大的程度上对脑进行不同程度的重塑。可见，人脑的可塑性是极为显著的。这里的可塑性指的是神经元在内外环境刺激作用下的可改变性。显然，大脑皮质的可塑性与脑功能开发之间的关系极为密切。

众所周知，中枢神经系统在发育阶段如果受到外来干预（如感受器、外周神经或中枢神经损伤），相关部位的神经联系就会发生明显的异常改变。而中枢神经系统的损伤如发生在发育期或幼年，较之同样的损伤发生在成年，其功能恢复要好。人们长久以来形成了这样一种观念，即成年人的大脑皮质不具备可塑性。然而，自 20 世纪 80 年代起这种观念受到挑战。目前已经有证据表明，成年人的大脑皮质同样具有可塑性。有人利用无创性的脑成像技术观察了患有先天并指的成年人在整形手术后手代表区的变化，发现患者手术前皮质手代表区很小，并且无分域，而手术后数周发生了重大改变。伴随手指独立活动能力的出现，手的代表区扩大到正常大小，并且有正常的分域关系。

1. 经验塑造着脑

在 20 世纪 60 年代，加利福尼亚大学伯克利分校的生物学家、心理学家与神经解剖学家用老鼠做过一系列著名的实验。他们将一大批实验室繁殖的老鼠分成三组，分别放到三个不同的笼子里：第一组老鼠被关在铁丝网笼子里；第二组老鼠被关在三面都不透明的笼子里，其中光线昏暗，几乎听不见外面的声音；第三组老鼠则生活在一个大而宽敞、光线充足、设施齐全的笼子里，里面有秋千、滑梯、木梯以及各种各样的玩具。几个月以后，科学家对不同组老鼠的脑进行解剖，发现第三组老鼠大脑皮质的重量远远高于其他两组老鼠。不仅如此，他们还发现，这些老鼠大脑皮质中灰质的厚度增加了，皮质在整个大脑中的比重增加了。

另一项颇有意思的研究是对猴子进行的触觉训练。科学家让成年猴只用一个或两个手指触摸一个旋转的、表面粗糙的圆碟。几个月以后，科学家发现这些指头在大脑皮质中所对应的部位变大了几倍!

而对长期经受虐待的儿童进行的研究则发现，由于儿童从一开始就失去了与家人的积极交流与情感互动，他们的脑发育也和正常儿童有非常明显的差别。受虐待儿童的脑发育显然不如正常儿童，尤其是在与情绪有关的颞叶部位，它们几乎没有什么发展。

可见，经验可以改变我们的脑。适宜的环境可以促进脑的发展，不良的环境则会损伤我们的脑。就人类而言，丰富的刺激和富有积极意义的情感体验，对全面锻炼脑的不同部位是极其重要的。

2. 贯穿生命的可塑性

大脑在皮质部位的生长直接关系到智力和创造力等高级心理能力的发展，而人脑的生长可以一直持续到八九十岁，也就是说，健康的人在一生中只会越来越聪明。所以，决定一个人智力和创造力最重要的因素不是年龄，而是所处的环境。如果我们一生不停地吸收新信息，不断面对各种挑战，则我们自己脑的潜能将得到较持久的开发。

（1）大脑随人一起长。人们一般认为，人的智力与生俱来，即所谓"天资"。然而，最近在《自然》杂志上，美国的一个研究小组发表了他们多年的研究结果显示，人脑直到青春期还在发展，"年轻人的行为决定了他们的智力情况"。

美国加利福尼亚大学洛杉矶分校的科学家和加拿大的科学家使用了磁共振扫描仪，对3—15岁的试验者进行了三维摄影，观察他们脑部的变化和发展，观测的时间从2周到4年。他们主要观察连接人脑两半球的中间部分的形状和大小的改变。科学家观察到，在人脑的某些部分，灰质的体积在一年内增大一倍，然后它们互相结为网络，与此同时，那些没有被使用过的灰质脑细胞就死亡或消退。正如一位参与研究的科学家所说："令人惊奇的是，在人们本来认为人脑已经发展成熟的阶段，人脑还会作局部的结构改变。"

（2）"用进废退"原则。过去，科学家认为，人过了 6 岁就停止了脑的发展。美国科学家的发现告诉人们，一直到青春期人脑都在发展，而且确实是服从"用进废退"的原则。他们还发现，在 3—6 岁时，灰质主要在前脑部增多，这个区域与人的行为组织和计划能力以及精力的集中能力有关，而在 6—12 岁，则主要在后脑部增多，这个区域与人的感情和语言能力以及空间的判断力有关，这就是人过了 12 岁后学习语言感到困难的原因。

二、敏感期

目前，科学家对"关键期"或"敏感期"问题还存在争论。但他们大多承认，探索发展的关键期或敏感期将为认识人脑的潜能带来重要的启示。

敏感期的概念是由奥地利动物心理学家洛伦兹所提出，他发现几乎所有哺乳类动物都存在这种敏感期。这个理论认为，人类的某种行为、技能和知识的掌握，在某个时期发展最快，最容易受到影响。如果能在发展的关键期里进行适宜而有效的学习，将会极大地促进脑结构与功能的发展，并取得事半功倍的学习效果；一旦错过这个时期，就需要付出几倍的努力才能弥补，或将永远无法弥补。

1920 年，一位名叫辛格的英国牧师在印度发现了两个由狼抚养长大的女孩，她们的生活习性完全跟野生的狼一样。其中一个在离开狼穴后不到一年就死了，而另一个名叫"卡玛拉"的狼孩则活到了 17 岁。在这期间，人们想方设法恢复她的人性，然而在 4 年后她才能听懂几句简单的话，学会了 6 个单词；7 年后也只学会了 45 个单词，会说几句不流利的话；直到死去时，她的智力发展也只相当于 4 岁小孩的水平。到目前为止，共发现了 30 多个由动物抚养长大的"野孩子"，但是没有一个在回到人类社会后，其智力能够恢复到与其年龄相当的水平。

6 岁以前是语言学习的敏感期，如果幼儿在 6 岁以前缺乏最基本的口语能力训练，则很难掌握人类的语言。这就解释了为何"狼孩"在 8 岁回到人类社会后，尽管进行了各种训练，但仍然无法学会人类的语言。

儿童学习外语的能力与其学习的年龄也有密切的联系。人们发现，那些父母来自不同国家的儿童，在很小的年龄就表现出了较高的外语水平，有的儿童很早就掌握了两三门甚至好几门外语。除此之外，儿童在视觉、情绪、逻辑能力、音乐等方面的发展也可能存在着敏感期。

对不同的人来说，脑的不同功能发展的敏感期也并不完全一致，存在着一定的个体差异。早期教育中要抓住敏感期进行教育，使脑的不同功能得到及时的发展。

因此，有必要深入研究大脑不同智能发展敏感期的起始时间、持续时间、表现形式、所需学习经验的性质和作用，以及教育与敏感期的配合问题，这些对于在儿童的教育中如何发展脑的最大潜能及避免出现学习障碍有着重要意义。

三、大脑皮层单侧化

脑是中枢神经系统最重要的结构，分为脑干、小脑、边缘系统和大脑。脑干负责呼吸、消化和心率的调节，小脑协调身体运动并影响某些类型的学习过程。边缘系统在动机、情绪和记忆中具有重要作用，与长时记忆、攻击、饮食和性行为调节有关，它由三个结构组成：海马、杏仁核和下丘脑。大脑及其皮层（大脑皮层）整合感觉信息，协调运动，促成抽象思维和推理，负责语言和思维等高级心理功能。人类的大脑超过脑的任何其他部分，占据总重量的 2/3，调节脑的高级认知功能和情绪功能。大脑的外表由数十亿细胞组成，形成 1/10 英寸厚度的薄层组织，称为大脑皮层。大脑分成左右对称的两半，称为大脑两半球，大脑两半球由一较厚的神经纤维联系起来，这些纤维卷在一起称为胼胝体。

大脑两个半球由胼胝体相连接，左半球控制着右侧身体的运动和感觉信息的接收，右半球控制着左侧身体的运动和感觉信息的接收。神经科学家从垂直和水平两个方向上将每个半球分成四个区，称为"脑叶"，即额叶、顶叶、枕叶和颞叶。额叶具有运动控制和认知活动的功能，如计划、决策、目标设定等；顶叶负责触觉、痛觉和温度觉等；枕叶是视觉信息到达的部位；颞叶负责听觉过程等。

某些功能一侧化到大脑半球，即大脑皮层单侧化，如绝大多数个体的语言功能定位于左半球。单侧化是指大脑左右两个半球功能的专门化。最早的两半球功能上差异的证据来自失语症患者，研究者发现不能说话的患者通常在左半球有损伤，而右半球损伤的患者在语言方面的问题要少得多。这些发现表明，对于大多数人来说语言功能是单侧化的，集中于左侧。现在基本认为左半球的优势主要集中于需要言语能力的任务，如说话、阅读、思考和推理等，右半球的优势在于非言语任务，如空间关系的理解、图片识别、音乐欣赏等。刚出生时，大脑皮层已经开始单侧化。大部分新生儿在反射性反应中偏好身体的右侧。10%的儿童1岁时表现出手的偏好，并在童年早期得到加强，90%的5岁儿童清楚地偏好某一只手胜过另一只手。强烈的单侧手偏好反映了大脑一侧较强的能力——通常指个体的优势大脑皮层——执行技能化的动作运动。进一步研究表明，左半球主要负责语言和正性情绪，右半球主要负责运动和负性情绪。当聆听言语声音和表现出积极情绪时，大多数新生儿在大脑皮层的左侧表现出较强的 EEG 脑电波活动；相反，当聆听非言语声音和表现出消极情绪时，右侧大脑皮层反应更强烈（Fox et al 1986，Davidson 1994）。虽然大脑两半球的协调性像音乐会那样的方式工作，但它们具有不同风格的信息处理过程：左半球是分析式的，右半球是全息式的；左半球倾向于序列加工信息，一个接着一个加工，而右半球倾向于整体加工信息。不过，个体差异能改变关于大脑半球功能一侧化的一般结论，例如男性和女性具有不同类型的一侧化。

第二节 智能发展

在各种认知理论中，认知神经发展科学的研究是一个极有发展前景的重要研究方向。例如，可以比较不同年龄儿童在完成同一任务时的脑活动图像，或者比较同龄儿童参加不同类型的认知任务时的脑活动图像，这些比较可为我们提供关于脑成熟、各种认知过程或领域之间的关系，以及组织形式变化方面的线索。研究者通过考察脑的某些区域或某些通路，了解它们在发展过程中是否变得特异化。他们对于不同领域、不同类型的认知和皮质的不同区域是否存在不同的特异化发展时间表也颇感兴趣。

重要的是要强调，确认与发展相联系的大脑相关物，并不必然意味着大脑发展决定着行为发展。这类证据也表明行为引起大脑的变化。对于某一特定的情境和任务，婴儿的大脑可能具有轻微的初始偏向或制约，一些神经通路更易于激活，或更易于与某些输出发生联系；不过，婴儿反过来也能寻找进一步使这些通路特异化的适当刺激。

脑科学的心理学研究似乎更集中在认知方面，但已有大量研究证据表明，情绪在本质上并不比其他心理过程更主观或更复杂，对情绪及其神经基础的研究兴趣正在增长。认知和情绪像是镜子的正反面，两者相互依存和相互作用。

一、感知觉

感觉是人脑对事物个别属性的认识，知觉是客观事物直接作用于感官而在头脑中产生的对事物整体的认识。例如，看到一张桌子、听到一首乐曲、闻到一种菜肴的芳香等，这些都是知觉现象。知觉以感觉为基础，但它不是个别感觉信息的简单总和。例如，我们看到一个正方形，它的成分是四条直线，但是把对四条直线的感觉相加在一起，并不等于知觉到一个正方形。知觉按一定方式来整合个别的感觉信息，使其形成一定的结构，并根据个体的经验来解释由感觉提供的信息，它比个别感觉的简单相加要复杂得多。

人的躯体器官对客观事物的感觉在大脑皮质中有一定的功能定位，在感觉基础上形成的知觉同样在大脑皮质中有着一定的控制部位。

知觉是较高级的心理功能，而包括知觉在内的高级心理功能在大脑皮质中所占的比例也比较大，几乎占据了整个皮质的一大半位置，这个位置被命名为联合区。它的主要功能是整合来自各感觉通道的信息，对输入的信息进行分析、加工和储存，支配、组织人的言语和思维，规划人的目的行为，调整人的意志活动，确保人的主动而有条理的行为。因此，它是整合、支配人的高级心理活动，进行复杂信息加工的神经结构。

现代神经生理学和神经心理学也揭示了大脑皮质不同区域的分析、综合功能。感觉皮质的一级区实现着对外界信息的初步分析和综合，这些区域受到损伤，将引起某种感觉的丧失。感觉皮质的二级区主要负责整合的功能，它的损伤不是引起特定感觉的破坏，而是丧失对复合刺激物的整合知觉能力。感觉皮质的三级区是视觉、听觉、前庭觉、触觉和动觉的皮质部位的"重叠区"，它在实现各种分析器间的综合作用方面起着特殊的作用，这个区域受到损伤将引起复杂的同时性（空间）综合能力的破坏。

研究表明，在人类发展早期存在某种由生物驱动的突触的过度生长，但作为某种经验的结果，某些突触将被删除。由于大多数儿童身体正常，并且被养育于某种对人类这一种系而言是典型的环境中，大致在通常时间里经历差不多相同类型的经验。因此，对多数儿童来说，这一删除是沿着相似的路线进行的。但是，如果是处于不正常的情境，例如聋或盲的儿童没能接收到听觉或视觉的刺激时，又会怎样呢？如果大脑既接收到听觉刺激也接收到视觉刺激，大脑中的某种区域通常将致力于听觉加工，但是聋童的这些大脑区域将逐渐变成致力于视觉加工；反过来，同样情况下，盲童大脑中的这些区域此时逐渐变成致力于听觉加工。因此，当大脑的某个区域没有接收到其通常预期的输入，它可能被用于其他用途。经验的性质以及由此引起的大脑活动性质，决定了哪些突触被删除、哪些存留。大脑被预先设定好，能够迅速将儿童导向某些发展路径，但也十分灵活，足以处理各种逆境。

二、记忆

定位学说认为脑的功能都是由大脑的一些特定区域负责的，记忆当然也不例外。鲁利亚认为皮质下组织与记忆有密切的关系。他指出，丘脑下部组织（透明隔、乳头体）及部分边缘系统受损伤时，患者短时记忆将出现明显的障碍。另外，网状激活系统对记忆也有重要的作用，它能保证记忆所要求的最佳皮质紧张度或充分的觉醒状态。

近来的研究还表明，有几个主要脑区和人的多重记忆系统有关。大脑皮质的左、右颞叶分别与人的言语记忆、非言语记忆有密切关系，而额叶主要与人的语义记忆有关。左侧顶叶主要负责言语材料的记忆，而右侧顶叶则主要和人的非言语材料记忆有关，顶叶与短时记忆也有着密切的关系。小脑主要对各种条件化和程序记忆及其他形式的信息加工有作用。海马是一个比较重要的记忆脑结构，海马受损伤的患者对以前的经验能很好地回忆，但对新学习的知识保存的时间却很短暂，这些知识也不能向长时记忆转化。关于记忆的脑细胞机制主要有三种假说：

1. 反响回路

反响回路是指神经系统中皮质和皮质下组织之间存在的某种闭合的神经回路。当外界刺激作用于神经回路的某一部分时，回路便产生神经冲动；刺激停止后，这种冲动并不立即停止，而是继续在回路中往返传递并持续一段短暂的时间。因此人们认为反响回路可能是短时记忆的生理基础。

2. 突触结构

现在神经生理学家普遍接受的一种观点是，作为人类长时记忆的神经基础包含着神经突触的持久性改变，这种变化往往是由特异的神经冲动导致的。由于涉及结构的改变，因此其发生的过程较慢，并需要不断的巩固。这种突触变化一旦发生，记忆痕迹就会深刻地储存在大脑中。

近来的研究表明，神经元和突触结构的改变是短时记忆向长时记忆过渡的生理机制。这种改变包括相邻神经元突触结构的变化、神经元胶质细胞的增加和神经元之间突触连接数量的增加。

3. 长时程增强作用

研究发现，海马的神经元具有形成长时记忆所需要的塑造能力。在海马内的一种神经通路中存在着一系列短暂的高频动作电位，能使该通路的突触强度增加，人们将这种强化称为长时程作用。进一步的研究显示，海马是长时记忆的暂时性储存场所，利用长时程增强机制，海马能对新习得的信息进行为期数小时乃至数周的加工，然后再将这种信息传输到大脑皮质中一些相关部位进行更长时间的存储。

三、思维 —— 表象、推理

表象的脑机制是认知神经科学的重要研究领域。研究的主要问题是，表象和知觉是具有相同的脑机制，还是两者的脑机制是不同的。早在20世纪70年代，毕思阿克等人研究了两名颅顶受损的患者，发现患者在视知觉中存在的问题，在表象活动中也表现出来。90年代以来，一些人用脑成像的方法研究正常人，进一步证明了表象和视知觉可能具有相同的脑机制。

推理是从已知的或假设的事实中引出结论，它可以作为一个相对独立的思维活动出现，也经常参与许多其他的认知活动，如知觉、学习、记忆等。推理作业具一个突出的特点，即它总是作为一个逻辑问题，或者是以明显的逻辑形式出现。

神经心理学的证据表明，大脑右半球在推理中起重要的作用。例如，右半球损伤的患者，难以完成可逆关系推理，如"约翰比贝尔高，谁更矮"；也难以完成线性系列问题的推理，如"约翰比贝尔高，贝尔比查理斯高，谁最矮"。惠特克等人的研究发现，大脑右半球受损伤的患者对错误的前提条件进行推理的成绩比大脑左半球受损伤的患者成绩要差，他们不能脱离自己对现实的认识来完成演绎推理的过程。

四、语言

1. 语言活动的中枢机制

语言活动具有异常复杂的脑机制，它和大脑不同部位都具有密切的联系。其中起主要作用的有左半球额叶的布洛卡区、颞上回的威尔尼克区和顶枕叶的角回等。研究这些脑区病变或损毁造成的语言功能异常，在一定程度上可以说明语言活动的大脑机制。

布洛卡区病变引起的失语症通常称为运动性失语症或表达性失语症。若布洛卡区受损，就会导致发音程序的破坏，进而产生语言发音的障碍。但患者的阅读、理解和书写不受影响。包括布洛卡区在内的大脑左半球额叶，特别是前额部皮质还和语言动机和愿望的形成有关。

威尔尼克区在大脑左半球颞叶的颞上回处。它的主要作用是分辨语音，形成语义，因而和语言的接收有密切的关系。威尼尔克区损伤引起接受性失语症，这是一种语言失认症，患者说话时，语音与语法均正常，但不能分辨语音和理解语义。

第三个重要的语言中枢是角回，它在威尔尼克区上方、顶枕叶交界处。这是大脑后部一个重要的联合区。角回与单词的视觉记忆有密切关系，在这里实现着视觉与听觉的跨通道联合。切除角回将使单词的视觉意象与听觉意象失去联系，并引起阅读障碍。

2. 大脑两半球的一侧优势与语言活动

在失语症研究中人们发现，对大多数患者来说，失语症是与大脑左半球某些脑区的病变相联系的。这个事实使人相信，语言主要是左半球的功能。但研究也表明，大脑右半球在语言理解方面有重要的作用，而且在早年发生大脑半球病变的一些案例中，右半球可能成为语言的优势区。这说明，在大脑左半球切除或损伤后，大脑右半球在语言功能方面可能起代偿的作用。

五、情绪

情绪是多重神经系统基于对刺激的评价而产生的反应，即生理系统（包括身体和神经）协调、适应性的变化，它是大脑的高级功能之一（Damasio 1999）。Adolphs（2003）将情绪分为六个复杂程度依次增加而又连续统一的层次：行为状态、动机状态、心境、情绪系统、基本情绪和社会情绪。对动物情绪的研究主要集中在"动机状态"（奖赏和惩罚）上，而对人类情绪的研究主要集中于"基本情绪"（高兴、恐惧、厌恶、悲伤、生气）上，精神病学和社会心理学的研究则有时会涉及更加复杂的社会情绪。

1. 基本情绪

自从詹姆士（William James）提出情绪是身体内脏的感觉—运动反应之后，坎农（Cannon 1929）把情绪定位于下丘脑的整合。在这些理论和研究的基础上，帕佩兹（Papez 1937）提出了情绪的"帕佩兹环路"理论。1949 年，麦克林（McLean）在这个环路上附加了一些核团，命名为"边缘系统"，它包括皮质和皮质下结构——扣带回、海马皮质、丘脑和下丘脑。在很长一段时间里，边缘系统在解释情绪的脑机制上占统治地位，甚至被当做"情绪脑"。其实，真正起核心作用的是杏仁核（Le - Doux 1992）。情绪脑的主要结构涉及杏仁核和以杏仁核为核心广泛连接的神经环路，包括：（1）额叶皮质，包括眶额回皮质；（2）扣带回皮质，特别是前扣带回皮质；（3）下丘脑、杏仁核；（4）腹侧黑质（ventral pallidum）、隔区和中脑边缘核团（mesolimbic accumbens）等部位。杏仁核在确定感觉事件的感情意义上起着重要的作用，是确定刺激奖惩价值的关键结构，也是对新异刺激的条件性恐惧、自我奖励脑刺激，以及脑刺激对自主神经系统和行为的情绪反应的关键部位。

2. 社会情绪

儿童社会化最初的和首要的方面是儿童情绪的社会化，母婴依恋是儿童情绪社会化的桥梁。鲍尔拜（Bowlby）于 1958 年提出了"依恋"的概念，描述了一个人对最亲近的人的强烈而深厚的情感联系，并突出地体现在亲子关系上。相互依恋的人相互爱恋和亲近，并极力保持和维护这种社会关系。安斯沃斯（Ainsworth 1978）提出，依恋给儿童提供一种安全感，儿童将依恋对象视为"安全基地"，靠近依恋对象或建立了稳固安全感的儿童有勇气去探索周围世界。婴儿的依恋对象主要是母亲。母婴之间的早期皮肤接触会促进依恋的早期发生。6—8 个月的婴儿和母亲已经开始建立依恋连结，少年儿童的依恋对象逐渐转移到同伴和朋友。可以认为，依恋是最早产生的社会情绪，在社会情绪中研究较多的是亲子依恋。社会情绪以社会认知的发展为前提，它的产生和发展要晚于基本情绪，它依赖于社会情境，并要求个体对自身在社会情境中的处境和状态有更加广泛的表象。社会情绪具有调节社会行为的功能，它不仅对单个个体，还常常对个体所处的社会群体产生广泛的影响（Adolphs 2003）。社会情绪有助于了解自身或他人的处境和状况，适应社会的需要，更好地生存和发展。个体所处的情绪状态也会影响道德判断、推理和决策等高级认知过程。社会情绪发展与社会文化密切相关，其产生往往基于社会认知。

社会情绪有时也称为复杂情绪、高级情绪或道德情绪，大致可以分为三类，即依恋性社会情绪（attachment-related social emotion）、自我意识情绪（self-conscious emotion）和自我预期的情绪（self-anticipatory emotion）。依恋性社会情绪主要涉及人与人之间的情感连结，其中既有父母和子女之间的依恋，也有男人和女人之间的依恋关系，还有深入他人主观世界、了解其感受并产生共鸣的依恋，即共情或移情（empathy）。个体在社会环境中由于关注他人对自身或自身行为的评价所产生的情绪可称为自我意识情绪，如内疚、羞愧、尴尬、自豪等。在面临机会选择或竞争情境时，个体对不同行为方式的后果作出预期，并根据自身的期望和价值取向调节对社会信息的认知和加工过程，这一过程引发的情绪可以称为自我预期的情绪，如后悔、嫉妒等。

（1）内疚。内疚（guilt）和羞愧（shame）作为两种典型的自我意识情绪，具有复杂的内部联系，因此经常被结合起来研究。内疚是个体危害别人的行为或违反了道德准则而产生的良心上的反省、对行为负有责任的一种负性体验（Hoffman 2000）。羞愧是当个体把消极的行为结果归因于自身能力不足而产生的指向整个自我的痛苦体验（Weiner 1985）。Shin 等（2000）让被试者先回忆并记录自己内疚的体验，然后让被试者看他们自己写的故事，同时使用正电子断层扫描技术（PET）来研究内疚情绪体验过程中的区域性脑血流（rCBF）变化。结果发现，与中性条件相比，内疚情绪状态下旁边缘系统前部脑血流活动增加，其中包括双侧前颞极、前扣带回、左侧脑岛前叶和额下回，但并不包括眶额皮质。

（2）尴尬。与内疚和羞耻类似，尴尬（embarrassment）也是一种负性的自我意识情绪。和内疚相比，尴尬更多地与违反社会传统习俗有关，如服饰衣着、社交礼仪和卫生习惯等，它更多地依赖于社会和文化背景，并且在个体十分关注现实或假想中的他人对自己的消极评价时产生。Takahashi 等（2004）利用磁共振成像比较了内疚和尴尬的区别，被试者的任务是看一些分别含有内疚、尴尬和中性情绪的语句。功能图像的结果分析显示，内疚和尴尬都激活了内侧前额叶（MPFC）、颞上沟（STS）和视皮质；与内疚相比，尴尬在右颞侧、双侧海马以及视皮质的激活度更高。这些脑区都与心理理论（theory of mind, TOM）相关。因此，可以认为自我意识情绪的处理都含有 TOM 处理过程，并且尴尬的处理过程要比内疚更加复杂。

（3）后悔。面临选择时，个体需要分别考虑选择和放弃的机会成本，而当个体最终意识到作出了错误选择，就会体验到一种不同于普通失望情绪的后悔（regret）情绪。Camille 等（2004）使用了一种简单的轮盘赌徒任务（gambling task），要求健康被试者和眶额皮质（OFC）受损的患者在两个具有不同风险概率的轮盘中作选择。实验结束时被试者通过一个 9 点量表对自己的情绪作出评价。结果发现，当被试者得知自己作出的选择收益不如放弃的选择收益时，正常被试者会体验到强烈的后悔情绪，而 OFC 损伤的患者则不会产生后悔情绪，说明这类患者缺乏将未选择与已选择的行为可能得到的收益进行比较的能力。

（4）嫉妒。真实或想象中的对手可能令个体失去某些有价值的关系，而个体对这种潜在威胁的知觉所产生的相应情绪称为嫉妒（jealousy）。嫉妒是与他人比较，发现自己在才能、名誉、地位或境遇等方面不如别人而产生的一种由羞愧、愤怒、厌恨等组成的复杂情绪状态。

近年来，社会认知神经科学和情绪神经科学对社会情绪的神经基础进行了大量研究，并取得了不少研究成果。

本文作者：徐琴美

原载于唐孝威等编著《脑科学导论》（浙江大学出版社，2006）

引用时有删节

附录四　与智能有关的一些定量定律

定量研究智能，要对心智和行为能力在数量方面的特性进行定量的描述和说明，例如：用与心智能力有关的心理量定量描述心智能力，以及用与行为能力有关的行为量定量描述行为能力等；还要研究与心智能力有关的心理量等变量之间的定量关系，即定量的心理定律，以及与行为能力有关的行为量等变量之间的定量关系，即定量的行为定律。

我们在《心智的定量研究》（唐孝威等 2009）一书中讨论过一些定量的心理定律和行为定律，其中有一部分定量的定律是与智能活动有关的，它们有助于了解智能的特性，因此在本附录中作简单介绍。

这里介绍的与智能有关的一些心理定律和行为定律有：记忆遗忘公式、注意控制作用、情绪—感觉关系、感觉适应特性、意识涌现条件、主观体验定律、动作意向特性、感觉的数学公式、情绪的数学公式、运动的数学公式、心理旋转公式、技能练习定律等。

1. 记忆遗忘公式

记忆是心智的重要特性之一，记忆能力是心智能力的一种。记忆遗忘是记忆内容不能保持或在提取时有困难的现象，记忆遗忘公式是记忆内容保持百分比与保持时间关系的公式。

记忆包括短时记忆和长时记忆。短时记忆的一个特性是广度有限，Miller（1956）指出，短时记忆广度的值通常是 7 ± 2，短时记忆的广度有个体差异。

Ebbinghaus（1885）采用无意义音节作为记忆材料，进行因时间过程而产生记忆保持的丧失的定量研究。实验持续 30 天，测量长时记忆的遗忘，得到遗忘曲线。

Woodworth 等（1955）介绍过 Strong 用字作为实验材料得到的长时记忆遗忘曲线，实验数据可以用以下经验公式近似描述：

$$R = A - B \ln t$$

式中 R 是记忆保持百分比，t 是学习后经历的时间，A 和 B 是拟合常数。

Peterson 等（1959）研究过短时记忆遗忘进程，实验测量了阻止复述后的短时记忆正确回忆率随时间衰减的曲线，测量结果也可以用类似上式的经验公式描述。

记忆遗忘公式中拟合常数的值有个体差异，这些值可以反映不同个体的记忆保持能力。

2. 注意控制作用

注意能力是一种重要的心智能力。注意控制作用是：注意使个体对注意对象的主观感受强度增强，而使对不受注意对象的主观感受强度减弱。因此，在物理刺激的种类和强度都相同的条件下，当个体对这一刺激给予注意时的主观感受强度，比个体对刺激不注意时的主观感受强度强。

我们用下面的公式表示注意对个体主观感受强度的控制作用：

$$S' = kS$$

式中 S 和 S' 都是个体对相同的物理刺激的主观感受强度，S 是原有的主观感受强度，S' 是受到注意控制后的主观感受强度，k 是注意对主观感受强度的控制系数。

如果个体对物理刺激给予注意，则注意控制系数 $k > 1$ 而使主观感受强度增强；否则注意控制系数 $k < 1$ 而使主观感受强度减弱。注意对主观感受强度的控制作用是非线性的，控制系数 k 不是常数，它的值和注意的程度等许多因素有关。

3. 情绪—感觉关系

情感能力是重要的心智能力。情绪—感觉关系是指相同的物理刺激引起的情绪体验和感觉体验之间的关系。

物理刺激引起个体主观的感觉体验，S 是描述主观感觉强度的心理量，即感觉心理量；同一物理刺激又引起个体主观的情绪体验，E 是描述主观情绪强度的心理量，即情绪心理量。

我们根据实验指出，在一定范围内：

$$E = gS$$

这是一个近似的公式，式中 g 是比例系数，它的值由许多因素决定。这个值的个体差异反映不同个体感觉体验和情绪体验关系的特点。

4. 感觉适应特性

感觉是认知能力的一个方面。感觉适应是指在一些感觉通道中物理刺激的持续作用造成个体主观感受随时间的适应。举例说，视觉有暗适应现象，即人从亮处走到暗室中，开始会看不到暗室内环境中的物体，过一段时间后才逐渐看清楚。

在视觉暗适应过程中，主观感受随时间提高的可能公式是：

$$S(t) = S_0(1 - e^{-wt})$$

式中 S_0 是 $t = 0$ 即开始时对环境中物体的主观感受强度，$S(t)$ 是时间 t 时的主观感受强度，w 是适应的特征系数。

又如触压觉的适应，设 S_0 是 $t = 0$ 即开始时的主观感受强度，$S(t)$ 是时间 t 时的主观感受强度，触压觉随着时间减小的可能公式是：

$$S(t) = S_0 e^{-\lambda t}$$

式中 λ 是适应的特征系数。

感觉适应特性可以用生理机制来解释。上面公式中的 w 和 λ 等特征系数都有个体差异。

5. 意识涌现条件

在智能活动中意识体验起重要的作用。意识涌现是指在脑的四个功能系统协调活动中，脑内特定的信息加工进入个体意识，因而个体对它们有意识体验的现象。

我们提出，在其他许多脑区的共同作用下，大脑皮层一定脑区的激活水平在达到意识临界阈值时涌现意识。主观的意识体验的内容是由这个脑区的专一性信息加工所决定的。在其他脑区共同作用下，大脑皮层一定脑区的激活水平是 A，意识体验强度是 S：

当 $A < A_c$ 时，$S = 0$；

当 $A \geqslant A_c$ 时，$S > 0$。

式中 A_c 是相当于意识阈值时这个脑区的激活水平。S 是意识体验的强度，$S = 0$ 时，个体没有关于激活脑区的信息加工内容的意识体验；$S > 0$ 时，个体有关于激活脑区的信息加工内容的意识体验。

这个关系式给出了意识涌现条件之一。按照意识的四个要素理论和脑的四个功能系统学说，意识体验是脑内四个功能系统联合活动的结果。

6. 主观体验定律

主观体验是心智的有意识活动的特点。我们给出，对于一定的物理刺激，个体主观体验强度和相关脑区激活水平的关系是：

$$S = a(A - A_0)$$

式中 A 是物理刺激产生的相关脑区的激活水平，A_0 相当于上面的 A_c，$A > A_0$；S 是个体对物理刺激的主观体验强度；a 是比例系数。此式描述物理刺激强度在一定范围内的情况。

7. 动作意向特性

意志能力是一种重要的心智能力。我们给出，对于人的动作来说，个体主观的动作意向强度和运动相关脑区激活水平的关系是：

$$S_m = b(A_m - A_{m0})$$

式中 A_m 是运动相关脑区的激活水平，A_{m0} 是原有激活水平，$A_m > A_{m0}$；S_m 是个体主观的动作意向强度；b 是比例系数。此式描述运动动作强度在一定范围内的情况。

8. 感觉的数学公式

感觉能力是认知能力的一种。Stevens（1957，1960）用数量估计法研究主观感觉体验强度和物理刺激强度之间的定量关系，指出对物理刺激的主观感觉体验强度和物理刺激强度的关系服从幂定律，即：

$$S = CI^\alpha$$

式中 S 是主观感觉体验强度，I 是物理刺激强度，C 是常数，α 是幂指数。对于同一类物理刺激，不同的个体的 C 和 α 的值有个体差异。

9. 情绪的数学公式

情绪是重要的心智活动。客观环境呈现的事件引起一定的情绪体验。我们给出,当客观环境呈现的同类事件的数量在一定范围内变动时,描述情绪体验强度的心理量 E 和客观环境呈现同类事件数量的物理量 I 之间的近似公式是:

$$E = m\ln I$$

式中 m 是常数。当客观环境呈现同类事件时,不同个体的 m 值有个体差异。

10. 运动的数学公式

运动是重要的行为活动。脑输出的神经信号支配肌肉活动,如果这种过程中的信息变换的特性类似于感觉系统的信息变换的特性,我们推得下面的数学公式:

$$S_m = h\ln F$$

式中 F 是运动产生的力,即身体的运动系统对外界施力的大小;S_m 是个体主观的动作意向强度;h 是比例系数。对于同类运动,不同个体的 h 值有个体差异。

11. 心理旋转公式

脑内关于客观事物的形象称为表象,心理操作是通过心理活动对脑内表象进行操作的过程。心理旋转是心理操作的一类(Shepard et al 1971, Cooper et al 1973)。

为了判断两个旋转角度不同的物体形状是相同形状还是镜像形状,需要对物体表象进行心理旋转。实验上测量受试者判断两个物体是否为相同形状所需的时间 T。实验给出 T 的近似公式是:

$$T = T_0 + k\theta$$

式中 T_0 是常数;θ 是物体表象旋转的角度,θ 从 $0°$ 到 $180°$;k 是比例系数。

实验测量的是反应时间,其中包含了心理操作时间。对于相同的任务,T_0 和 k 的数值都有个体差异。

12. 技能练习定律

技能学习是人类重要的行为活动，前人曾经对技能练习进行过许多实验研究（Seibel 1963, Newell et al 1981, Sdorow 1995）。

实验表明，个体在经过多次练习后，完成一次作业所需要的时间缩短。同一个受试者进行同一种技能操作，完成一次作业所需要的时间 T 和练习次数 N 之间的经验公式是：

$$T = A + BN^{-r}$$

式中 A 是完成一次作业可能达到的最小时间，B 是常数，r 是幂指数，这些值都有个体差异。

本文作者：唐孝威

原载于唐孝威、陈硕著《心智的定量研究》（浙江大学出版社，2009）

引用时已改写

附录五　智力测验简介

一、心理测验

Woodworth 和 Schlosberg（1955）对实验心理学的研究进行过总结：（1）研究了记忆、训练、条件联系；（2）人类与动物学习的全部领域被证明是可以用实验方法探讨的；（3）思维、发明、问题解决等心智研究领域获得了重要成果。总之，"对于任何形式的人类活动差不多都可以进行一些初步的调查，然后就有可能有较好的希望找到进行某些确切的实验研究的机会"。但是，实验心理学也面临来自临床、辅导、教育和工业心理学的巨大挑战，包括：（1）能够证明在这些重要的领域中实验方法也能应用吗？（2）受过实验室训练的心理学家在这些领域，特别是有关进一步发展的研究里，也能成为主导人物吗？

实验心理学面临的挑战具体体现在实验心理学所获得心智规律的普遍性和确定性程度不够。如韦伯定律：

$$\Delta I / I = K$$

其中 ΔI 为某一通道的感觉改变量，而 I 为某一通道的感觉量，K 为韦伯分数。对于不同的感觉通道，韦伯分数不同，如附表 5.1 所示。即使对于同一感觉通道，不同的人韦伯分数也不一样，即存在个体差异。因而 Woodworth 和 Schlosberg（1955）说："如果我们是在寻找关于判断的一条普遍而确切的规律，显然不是韦伯定律。"

附表 5.1　不同感觉通道的最小韦伯分数

感觉通道	最小的韦伯分数
音高，在每秒 2 000 周时	0.003 = 1/333
深度压觉，在 400 克时	0.013 = 1/77
视觉亮度，在 1 000 光量子时	0.016 = 1/62

感觉通道	最小的韦伯分数
提重，在 300 克时	0.019 = 1/53
响度，在 1 000 周/秒，100 分贝尔时	0.088 = 1/11
嗅觉，橡皮，在 200 嗅单位时	0.104 = 1/10
皮肤压觉，点，在每平方毫米 5 克时	0.136 = 1/7
味觉，咸，在每立升 3 克分子量时	0.200 = 1/5

数据来源：Woodworth 和 Schlosberg（1955）

面对挑战，传统心理物理法的解决方案是只对同一个被试的恒定关系感兴趣，而不关心个体间的差异，认为那是一种误差。传统实验心理学不是差别心理学。现代心理物理法引入信号检测论等方法，以解决个体间的差异问题。另一种应对挑战的方法则是关于个体差异的定量研究方法。为了避免《实验心理学》一书过于"庞大"，Woodworth 和 Schlosberg（1955）给出了个体差异的量化研究体系而没有过多涉及内部细节，即应用测验方法进行"个体差异"的定量研究。

个体差异的研究起源于 1796 年，当时格林威治天文台第五任台长 Maskelyne 多次发现他的助手 Kinnebrook 应用布雷德利法观察星体的反应时间比自己的约慢半秒钟（杨治良 1998）。该现象引起了心理学家的兴趣，对个体差异的定量研究由此逐渐起步。

个体差异的定量研究范式于 19 世纪初建立，在早期与实验心理学联系密切。个体差异定量研究的先驱 Boring（1950）在《实验心理学史》一书中称："在测验领域，19 世纪 80 年代是高尔顿的 10 年，19 世纪 90 年代是卡特尔的 10 年，20 世纪头 10 年则是比奈的 10 年。"经过 100 多年的发展，心理测量学已经具有完备的测量模型，并有相关分析、因素分析和方差分析等统计方法提供严格的信度和效度指标（Woodworth et al 1955）。

近年来，认知心理学的定量研究结果也对个体差异的研究范式给予了有力支持，如 Mollon 和 Perkins（1996）在认知模式层面定量地分析了个体差异形成的原因。他们对 Maskelyne 和 Kinnebrook 的反应时间数据重新分析，得到的结果是两人反应时间的最后一位数字的直方图形态不同，表明 Kinnebrook 的误差并不仅仅由于他与 Maskelyne 判断时间的基准不同而形成的，更多是由于 Kinnebrook 对计时脉冲发生的知觉记忆及星体过线的认知模式与 Maskelyne 的不同所造成 (Mollon et al 1996)。

心理测验是进行心理和行为定量研究的工具，心理测验和测量理论之间互相依存、互相促进。心理测验源于对个体差异进行的研究，个体差异是个体受遗传和环境综合影响而显示出的不同心理和行为特点。能力和人格是心理测验的主要方向，遗传和环境对能力影响的争论是能力测验发展的重要动力 (Sundet et al 2008)，而人格和情境对行为影响的争论则是人格测验发展的重要动力 (王登峰等 2006)。

二、智力测验

科学的智力测验已有一百多年历史，智力测验的发展与智力理论、智力测量方法和智力分数解释的发展息息相关。智力测验发展的简要历程如附表 5.2 所示。可以看出，智力理论、测验理论及测验分数的解释均在心理测验的实践过程中发展起来。

附表 5.2　智力测验发展的简要历程

阶段	代表人物	智力理论	测量方法	分数解释
1	高尔顿	感官能力	生理计量法	感觉敏锐度
2	比奈	判断推理等高级心智活动	比奈—西蒙量表	智力年龄
3	推孟	判断推理等高级心智活动	斯坦福—比奈量表	比率智商
4	韦克斯勒	目的性、理智性及适应性智力	韦氏成人智力量表韦氏儿童智力量表	离差智商
5	斯腾伯格	三元智力理论	斯腾伯格三元能力测验	标准分数
6	戴斯	智力的 PASS 模型	DN 认知评价系统	标准分数

比奈—西蒙量表于 1905 年问世，2003 年在美国发展到第五版(Stanford-Binet Intelligence Scales Fifth Edition, SB-V)。SB-V 的测量内容涵盖认知能力五个方面的因子，包括流体推理能力 (fluid reasoning)、知识

(knowledge)、定量推理（quantitative reasoning）、视觉空间加工（visual-spatial processing）和工作记忆（working memory）。SB-V在以前版本的基础上整合了现代认知心理学的研究成果，测验的内容效度得到了提高。它也应用了项目反应理论等现代测验理论进行测验编制，显著提高了测验的信度。

斯坦福—比奈量表在中国经过三次修订，到1981年发展为"中国比奈测验"。它适用于2—18岁的被试（每岁3个试题，共51题），最佳适用年龄是小学至初中阶段。测验包括定义、语义类推、算术问题、记忆、一般知识、核正错数、图画失全、空间问题和理解等项目，采取离差智商的方法评定成绩。另有一个由8个试题组成的"中国比奈测验简编"，用起来较为方便省时。

韦克斯勒于1955年编制了韦克斯勒成人智力量表（WAIS），目前修订到第四版（WAIS-IV）。于1949年编制了适用于6—16岁儿童的韦克斯勒儿童智力量表（WISC）和适用于4—6岁学前儿童的韦克斯勒幼儿智力量表（WPPSI）。三个量表既各自独立，又相互衔接，适用于4—74岁的被试，是国际通用的权威性智力测验量表。中国心理学家于20纪70年代末、80年代初引进三个量表加以修订并制定了中国常模。

韦克斯勒认为智力表现为行动的目的性、思考的理智性及适应环境的能力。据此制定的韦氏量表包括言语和操作两个分量表，言语分量表包括常识、理解、算术、类同、词汇和数字广度6个分测验；操作分量表包括填图、图片排列、积木图案、拼图、译码和迷津6个分测验。韦氏量表可以同时提供总智商分数、言语智商分数和操作智商分数以及各个分测验分数，能较好地反映智力的整体和各个侧面。韦氏量表的智商分数是以100为平均数、以15为标准差的离差智商。

斯腾伯格认为智力包含分析性、实践性和创造性三个成分，而传统智力测验只是测量了其中的分析性智力，因此他专门设计了斯腾伯格三元能力测验（Sternberg Triarchic Ability Test，STAT）分别评价分析性、实践性和创造性，并通过大量实验研究验证了STAT的信度和效度

(Sternberg 2003)。

戴斯等 (Das et al 1975，1979，1994) 提出智力的 PASS 模型，PASS 模型指个体智力活动的三级认知功能系统包含的四种认知过程："计划—注意—同时性加工—继时性加工"，三级认知功能系统指注意—唤醒系统、编码加工系统和计划系统。PASS 模型的三级认知功能系统的神经生理学依据是鲁利亚提出的大脑三个功能联合区的概念，因而具有一定的实证性。戴斯等研究者根据 PASS 模型设计相应的智力测验，被称为 DN 认知评价系统 (The Das-Naglieri：Cognitive Assessment System, DN-CAS)。全量表由四个分量表 13 项分测验组成。四个分量表分别测量四种认知过程 (陈国鹏 2005)。

三、人格测试

人格在不同的学科有不同的定义，用在不同的场合表达不同的意思。对人格的心理学定义尽管存在众多不同的看法，但通常是指一个人相对稳定的心理特征和行为倾向。现代西方心理学家对人格本质的理解基本存在四个方面的共识：(1) 人格的整体性，人格表现的具体形式不同，但各种心理成分组成一个整体；(2) 人格的独特性，没有两个人的人格完全相同；(3) 人格对行为的影响，认为人的行为至少部分取决于行为者的人格；(4) 人格的稳定性，人格对行为的影响具有跨时间和跨情境的特征 (戴海崎等 2007)。

与心理测验关系密切的人格理论是人格特质理论。特质论的观点认为，人格特质是人所共有的，而每个人在各个特质维度上具有量的不同，从而形成了人格上的个体差异。不同特质水平的组合模式称为人格类型。人格特质理论主要有 Allport 的特质论、Cattell 的特质论、Eysenck 的人格维度理论和大五人格模型等。

Allport (1937) 认为特质是人格结构的单位，特质导致不同情境下特定方式的行为反应倾向。他认为个人特质可以划分为三类：重要特质、中心特质和次要特质。重要特质支配着人的基本行为，影响着一个人的所作所为。中心特质是由独立而均有内在关联的一组特质构成，形成人的独特个性。次要特质是在特定行为中表现出来的特质。

Cattell（1972）认为人格特质是人格的基本元素，特质是一种心理结构。他采用因素分析的方法进行人格特质研究，提出了呈现层级关系的特质结构。Cattell 在 Allport 的研究基础上，采用聚类分析的方法将 Allport 总结的众多特质归纳成 35 个表面特质群，经过因素分析以后得到 16 个根源特质。Cattell 提出表面特质是环境对行为影响所对应的特质，通过对外部行为的观察可以直接推测；而根源特质则是藏于人格结构的内层，必须以表面特质为媒介用因素分析的方法才能发现。比如通过行为观察推测的某些表面特质具有很高的相关性，经过因素分析会发现，这些表面特质会有一个共同的影响因素，该影响因素即为根源特质。

Eysenck 等（1976）提出人格的特质具有三个基本维度：内外向、神经质和精神质。他认为这三个人格维度既有社会性的特点，又有机能上的特点。

大五人格模型由美国心理学家 Costa 和 McCrae 提出。大五模型中的五个人格维度是神经质、外倾性、经验开放性、宜人性和认真性，这五个因素是对 Cattell 的 16 个根源特质进一步归纳得来，几乎涉及人格中最主要的因素（Costa et al 1992）。

人格测验可以分为自陈量表、评定量表和投射测验。自陈量表主要有明尼苏达多相人格问卷（Minnesota Multiphasic Personality Inventory，MMPI）、16 种人格因素问卷（Sixteen Personality Factor Questionnaire，16PF）、艾森克人格问卷（Eysenck Personality Questionnaire，EPQ）和 NEO-PI 五因素问卷（NEO-PI Five-Factor Inventory）（珀文 2001）。

MMPI 是根据经验标准法编制的人格测验，由 Hathaway 和 McKinley（1943）编制。MMPI 在 20 世纪 80 年代末再版，演化成两个独立版本：MMPI-II 和 MMPI—青少年版。1980 年中科院心理研究所宋维真等研究者开始修订中文版，1984 年完成修订并建立中国常模。

MMPI 共有 14 个分量表，包括 10 个临床量表和 4 个效度量表，共计 566 道测题，其中包括 16 道重复测题。10 个临床量表分别为：（1）疑病；（2）抑郁；（3）癔病；（4）精神态偏执；（5）男子气—女子气；（6）妄想症；（7）神经衰弱；（8）精神分裂症；（9）轻躁狂；（10）社会内向。4 个效度量表为：（1）说谎分数；（2）诈病分数；（3）校正分数；（4）Q 分数，其中 Q 分数不由具体测题获得，而是由测试中不回答题数和答案不一致的重复题数确定（陈国鹏 2005）。

MMPI 可用于人格鉴定、心理疾病检测、诊断和治疗，也作为人类学、心理学、医学和社会科学的研究工具。MMPI 根据经验法编制，因此用它鉴别各种病例与临床诊断一致性较高。它在编制时也制定了正常人的常模，因而也可以用于正常人的人格评价。因为根据经验法编制而成，该问卷的信度相对较低；题目数量太多，会引起受试者的烦躁情绪；同时它用病理学名称命名人格特征，容易引起误解。

16 种人格因素问卷由 Cattell 编制。Cattell 在 Allport 人格词汇分析工作的基础上，采用因素分析方法，获得了 16 种因素，它们之间相关极低，每一个因素可以看做是一种独立人格特质的测量。16 种人格因素分别为：（1）乐群性（A）；（2）聪慧性（B）；（3）稳定性（C）；（4）恃强性（E）；（5）兴奋性（F）；（6）有恒性（G）；（7）敢为性（H）；（8）敏感性（I）；（9）怀疑性（L）；（10）幻想性（M）；（11）世故性（N）；（12）忧虑性（O）；（13）实验性（Q1）；（14）独立性（Q2）；（15）自律性（Q3）；（16）紧张性（Q4）。16 种人格因素问卷到 1993 年共计有 5 个版本，每一种人格因素由 10—13 道测试题目组成。16 种人格因素问卷在测量 16 种人格特质之外，可以对 16 个维度进行组合，形成 4 个次级因素和 4 个预测因素。16 种人格因素问卷的测试题目使用中性化的语言表述，表面效度好，有利于获得受试者的真实回答。该测验是以正常人为研究对象，运用范围广泛，在人格评定、人事测评、心理健康评定等应用中极具使用价值。

Eysenck 提出了人格维度理论，并据此编制了艾森克人格问卷。艾森克人格问卷包含了 N（神经质）、E（内外向）、P（精神质）和 L（淳朴性）4 个分量表。神经质和精神质是正常人也具有的两种特质，在不利因素的影响下才有发展成神经病和精神病的可能。分析 4 个量表不同的得分模式（可用剖面图直观表示），测试结果可以用来进行人格类型的区分。同时用 N 量表作为纵轴，用 E 量表作为横轴，所构成的 4 种特征象限——外向—情绪不稳定、外向—情绪稳定、内向—情绪稳定和内向—情绪不稳定分别相当于传统气质分类中的胆汁质、多血质、黏液质和抑郁质。艾森克人格问卷题目少，实施简便，在国内外人格测验中较为常用，缺点是评定的人格特征较少，不便对人格作全面深入的分析和研究。

人格的大五（big five）或五因素模型（Five-Factor Model, FFM）问卷被称为 NEO-PI 五因素问卷（Costa et al 1992）。五因素模型的支持者提出了如下证据来证明该模型的效度，包括：五因素模型中因素的跨文化一致性，自我等级评定和他人评定的一致性，动机、情感和人际机能与五因素得分的相关，五因素得分模式对诊断人格障碍具有很大帮助，五因素模型的遗传学和进化论支持证据等（McCrae et al 1992）。

同时存在的另一个取向则是情境影响行为而非特质影响行为的模型，情景理论和特质理论之间形成了人格—情境之争，这一争论至今没有定论（Goldberg 1993, Goldberg et al 1995）。

职业兴趣测验的发展基于职业兴趣理论的发展，这些理论从不同角度描述了职业兴趣的结构和维度，主要有霍兰德的六边形模型、罗伊的圆形模型、普勒迪格的维度模型、盖迪的层级模型以及 Tracey 和 Rounds 的球形模型。职业兴趣的量表则有斯特朗—坎贝尔职业兴趣问卷（SCⅡ）、库德职业兴趣问卷（KOIS）及霍兰德职业偏好量表（VPI）等。

心理测验还包括学业成就和学业能力倾向测验、心理健康测验、创造力测验以及神经心理学测验等。心理测验经过一百多年的发展，在众多测验理论的基础上编制而成，同时对人的心理、行为进行了量化研究，使得测验结果具有相当的科学性。同时要注意到，心理测验还是一种处于不断完善过程中的测量手段和工具，因而也应该对测验结果合理分析并善加取舍。

四、心理测量的特点

心理测量作为一种定量研究方法，其测量理论体系一直在不断发展和完善，它包括经典测验理论以及仍然不断涌现的现代测量理论。现代计算技术及建模方法更为心理测量模型的建构和数据处理提供了极大便利，使得心理测量方法成为一种典型的量化研究方法。

心理测量为人类个体差异的研究提供了具体的定量方法和手段，成为差异心理理论的重要基石。心理与行为活动既有共性也有个性，研究个别差异可以揭示心理和行为的特殊规律。同时共性寓于个性之中，揭示个别差异产生、发展和形成的规律，对探索心理和行为的共同规律大有裨益。心理测量方法能对个体差异进行定量研究，并且现代测量理论能够就个体差异及其情境建构基于复杂系统和智能主体的综合模型，充分显示了心理测量作为一种定量研究方法的有效性。

心理测量的个别差异研究成果日益丰富，有力地推动了各应用心理学分支理论和方法的发展，如教育心理学、发展心理学、医学心理学、管理心理学和工程心理学等均在研究成果和研究方法上得益于心理测量的定量研究方法。同时心理测量为社会实践活动作出了巨大贡献。心理测量对能力、人格等心理特质的定量测量方法，广泛应用于社会生活的各个方面，包括人才鉴别、人才选拔、就业指导、临床诊断和预测、学生学业成绩评价等各个方面，对推进教育、医疗、管理等社会事业的发展起了积极作用。

心理测量也具有不足之处，主要体现在：特质目前依然是一种间接测量和统计推断的结果，对其更为准确的量化研究有待于心理和行为规律的进一步深入研究和揭示。心理测量的结论是在定量的相对的测量结果上得出的，具有情境依赖的特征，不顾情境地解释测量分数会导致心理测量的误用，需要特别加以关注。充分认识心理测量的局限与不足将会有助于加深对心理测量和测验的理解，有利于科学合理地对待心理测量，充分发挥其积极有效的作用。

本文作者：陈硕

原载于唐孝威、陈硕著《心智的定量研究》（浙江大学出版社，2009）

引用时有删节

附录六 一个囊括觉、知、情、意
诸成分的智能模型

　　智力是心理学的重要问题。脑科学的发展对智力研究有很大影响，PASS 智力模型就是基于脑科学研究成果的一种智力模型。本文根据新的实验事实和对脑功能系统的认识（唐孝威等 2003），对 PASS 智力模型进行扩展，并提出一个简称 AMPLE 的智能模型。

一、PASS 智力模型

　　PASS 智力模型是 Das 等（Naglieri et al 1990）提出的，他们在《认知过程的评估——智力的 PASS 理论》（Das et al 1994）一书中对这个模型进行过详细的论述 他们认为，智力是由计划（Planning）、注意（Attention）、同时性加工（Simultaneous）、继时性加工（Successive）四个过程组成的，简称 PASS 智力模型。

　　PASS 智力模型的基础是 Luria 的脑的三个功能系统学说（Luria 1966，1973），认为智力的上述四个过程基于三个层次的认知系统，即注意—唤醒系统、信息加工系统和计划系统。其中注意—唤醒系统是整个认知系统的基础，同时性加工和继时性加工是信息加工系统的功能，它们处于中间层次，计划系统处于最高层次。这三个功能系统有动态的联系，它们协调合作，保证智力活动的运行。PASS 智力模型是智力的认知模型，着重从认知的三个不同层次阐述智力的特征（李其维等 1999）。

　　Das 等根据 PASS 智力模型设计了相应的智力测验，称为 Das-Naglieri 认知评估系统（Das et al 1994），它由四个分量表组成，分别对四种认知过程进行测量，包括计划的测量、注意的测量、同时性加工的测量与继时性加工的测量。

二、脑的四个功能系统学说

Luria（1973）在《神经心理学原理》一书中阐述了脑的三个功能系统，它们是保证、调节紧张度和觉醒状态的功能系统，接受、加工和储存信息的功能系统，以及制订程序、调节和控制心理和行为的功能系统。

大量实验事实表明评估和情绪等心理活动对智力的重要性。脑内信息处理过程的每一步都需要对信息进行评估和抉择，评估抉择以及由此产生情绪体验是脑的基本功能。除上述三个功能系统外，评估和情绪系统对于脑的整体功能同样是必不可少的。

为了弥补 Luria 脑的三个功能系统学说没有涉及评估—情绪功能的不足，我们根据有关实验事实，在脑的三个功能系统的基础上，把评估—情绪功能系统列为脑的第四个功能系统（唐孝威等 2003）。这个系统也是一个多层次的系统，其相关脑区是杏仁核、边缘系统和前额叶的一部分。脑的四个功能系统学说认为，人的行为和心理活动，包括智力在内，是脑的四个功能系统相互作用和协同活动的结果。

三、扩展 PASS 智力模型及其实验依据

脑的四个功能系统学说对脑的三个功能系统学说进行了扩展。用脑的四个功能系统的观点考察智力时，自然会提出这样的问题：在智力研究中是否要基于脑的四个功能系统学说，而对基于脑的三个功能系统学说的 PASS 智力模型进行相应的扩展呢？回答是肯定的。那么基于脑的四个功能系统学说，对 PASS 智力模型要有哪些方面的扩展呢？

首先，把评估—情绪过程列为智力的基本过程之一。虽然 PASS 智力模型中也提到评估，但是并没有把评估—情绪功能作为脑的重要功能，没有把评估—情绪过程作为智力的基本过程。脑的四个功能系统学说在 Luria 的三个功能系统之外，增加了第四个功能系统，即评估—情绪系统；与此相应，在扩展 PASS 智力模型时，强调了智力的评估—情

绪过程。

实验表明，个体脑内有先天遗传的评估—情绪结构，个体根据后天的经验和当前的需要，形成评估抉择的标准。评估—情绪系统对输入信息与评估标准进行比较而给出评估结果。个体由评估结果对信息按其重要程度决定取舍及处理，对可能作出的反应作抉择。评估抉择过程是智力的重要组成部分。脑内对信息进行评估的结果，还引起情绪体验，情绪也对智力有重要作用。

其次，把学习和记忆过程列为智力的重要过程。虽然 PASS 智力模型在讨论信息编码时也提到短时记忆和长时记忆，但是并没有把学习和记忆列为智力的基本过程。实验表明，学习和记忆对认知有重要作用。因此，在扩展 PASS 智力模型时，强调了认知加工活动中的学习和记忆过程。

此外，在扩展 PASS 智力模型时，还对原来模型中信息编码、加工的内容进行了一些修改。用操纵表征的过程作为主要过程，来代替原来模型中的同时性加工—继时性加工过程，但操纵表征的过程包含了同时性加工—继时性加工的功能。

对 PASS 智力模型进行扩展的实验依据是，脑内存在相互作用和协调活动的四个功能系统。这种扩展并没有否定原来模型，而是保留了原来模型的特色，增加了新的内容，即保留原来模型中的计划过程和注意过程等内容，增加了评估—情绪过程和学习—记忆过程等内容。PASS 智力模型是智力的认知模型，而扩展后的智力模型则不但包括认知，而且包括情绪和意志在内；它是囊括觉、知、情、意诸成分在内的全面的智能模型。

四、AMPLE 智能模型及其实验检验

我们根据实验事实和对脑的功能系统的认识，在 PASS 智力模型的基础上对它进行扩展，提出一个新的智能模型。这个模型基于脑的四个功能系统学说，认为智力包括以下五种过程：

注意——正如 PASS 智力模型所强调的，注意—唤醒是智力的重要过程。智力活动需要个体的唤醒状态，并通过可控制的注意，使脑进行有效的工作。注意—唤醒主要是脑的第一功能系统的功能，相关脑区是脑干网状结构和边缘系统等。注意—唤醒系统是智力其他过程的基础，注意—唤醒过程和智力其他过程之间的相互作用是通过脑的第一功能系统和其他几个功能系统之间的相互作用来实现的。

操纵——操纵是指信息的心理表征（representation）和对心理表征进行的心理操纵。脑内信息加工不但有信息的编码，而且包括信息的处理和对信息意义的理解，这些过程是智力的重要内容。操纵表征包含了信息的同时性加工和继时性加工过程，但其内容比它们更加广泛。操纵表征是脑的第二功能系统的功能之一，相关脑区是大脑皮层的枕叶、颞叶、顶叶等。

计划——正如 PASS 智力模型所强调的，计划是重要的智力过程。智力活动需要个体不断进行预测和计划，计划系统对注意系统起抑制或促进作用，对操纵表征系统进行监控和调节，并且对行为作规划和调整。计划是脑的第三功能系统的功能之一，相关脑区是大脑皮层的额叶等。

学习——学习和记忆是重要的智力过程。学习是个体在与环境相互作用中认知结构不断建构的过程，智力包括个体在环境中学习的能力。记忆过程是对信息的编码、转换、存储和提取。记忆有长时记忆和短时记忆。如果没有记忆，便无所谓智力。学习和记忆过程是脑的第二功能系统和第三功能系统的联合功能。

评估——评估和情绪也是重要的智力过程。智力活动需要个体不断对各种信息进行评估和选择。评估系统对计划系统和学习—记忆系统有影响。评估的结果导致情绪体验。认知过程并非是单纯理性的，情绪会影响认知。评估—情绪是脑的第四功能系统的功能，相关脑区是杏仁核、边缘系统和前额叶的一部分。

把以上五种过程综合起来，就构成注意—操纵—计划—学习—评估的智能模型，简称 AMPLE 智能模型，其中五个英文字母分别代表注意（Attention）、操纵（Manipulation）、计划（Planning）、学习（Learning）和评估（Evaluation）等过程。

按照 AMPLE 智能模型，人的智力是多元的，上述多种心理过程以及它们之间的相互作用构成整体的智力。这些心理过程以脑的四个功能系统为基础，通过功能系统间的相互作用而协调地活动。

AMPLE 智能模型基于脑的四个功能系统，而脑功能系统是有生理学和解剖学基础的，因此这个模型具有实证基础而不是思辨的模型，可以通过与这些过程相关的神经机制的实验，对模型进行检验。

在智力测验方面，PASS 智力模型提出过一系列测量。AMPLE 智能模型是 PASS 智力模型的扩展，因此除保留 PASS 智力模型原有的测量外，还需要增加新的测量内容，它们是评估的测量、情绪的测量、学习的测量、记忆的测量。这些测量和 Das-Naglieri 认知评估系统的测量联合起来，就构成更全面的智力测验。

五、和一些智力理论的比较

智力研究领域中曾经有过许多理论。20 世纪 80 年代中期后，有代表性的智力理论除 PASS 智力模型外，还有 Gardner 的多元智力理论、Sternberg 的智力三元理论、Salovey 等及 Goleman 的情绪智力理论和 Hawkins 等的智力理论等。

AMPLE 智能模型和这几种智力理论有一些共同点，也有许多不同点。下面通过对 AMPLE 智能模型和这几种智力理论的比较，来说明 AMPLE 智能模型的特点。

Gardner（1993）的多元智力理论认为智力是多元的，如言语智力、逻辑—数学智力、空间智力、音乐智力、身体运动智力、社交智力、自知智力等，但未讨论多元智力之间的关联。AMPLE 智能模型是基于脑的四个功能系统学说的多元的智能模型，它讨论的多元智能内容和 Gardner 理论的内容不同，而且着重考察多种智能过程之间的相互作用及其脑机制。

Sternberg（1985）的智力三元理论包括智力成分亚理论、智力情境亚理论和智力经验亚理论，其中智力成分亚理论认为智力有三种成分，即元成分、操作成分和知识获得成分，这是智力的认知模型，不讨论情绪等因素的作用，也未着重考察智力的脑机制。AMPLE 智能模型是基于脑的四个功能系统学说的智能模型，除讨论脑的第二功能系统的认知功能外，还包括第一功能系统的觉醒功能、第三功能系统的意向功能以及第四功能系统的评估—情绪功能。因此 AMPLE 智能模型是一个觉、知、情、意兼备的全面的智能模型。

Salovey 等（1990）和 Goleman（1995）的情绪智力理论专门讨论了与理解、控制和利用情绪相关的智力，但未考察认知过程、意向过程等其他心理过程，因而不是全面的智力理论。AMPLE 智能模型把情绪因素包括在内，又强调注意、操纵、计划、学习、记忆、评估等过程，是全面的智能模型。

Hawkins 等（2004）提出的智力理论中强调智力的要素是记忆与预测。AMPLE 智能模型讨论的智能活动也包括记忆过程和预测—计划过程在内，认为它们是智能活动的重要过程，但认为它们只是智能的部分内容。除记忆与预测外，注意、操纵、计划、学习、评估、情绪等过程都是智能过程，所有这些过程综合起来，才构成完整的智能。

本文作者：唐孝威

原载于《应用心理学》2008 年第 14 卷第 1 期第 66—69 页

附录七　认知的信息加工与
意识活动模型

认知过程在一定程度上可以用通常的认知信息加工来描述，但它们有局限性。本文要说明，根据大统一心理学的观点，在认知过程中不但存在着信息加工，而且存在着意识活动，信息加工和意识活动是紧密耦联的。

我们强调认知过程中意识活动的重要性。在认知过程中，意识活动有许多表现，例如个体对物理刺激的主观感受、个体对信息意义的主观理解、个体对事件信息的主观评估、个体对认知过程的主动调控，等等。为什么说这些意识活动在认知过程中是必不可少的呢？

首先，认知是对客观事物的认知，它是从客观事物的物理刺激产生的主观感受开始的。这些感受是个体对物理刺激内容和性质的主观体验。

例如，当呈现红色物体时，个体有对红色的主观感受；当出现声响刺激时，个体有对声响的主观感受；当自己身体疼痛时，个体有对疼痛的主观感受；等等。这些主观感受或主观体验是意识活动的基本特性之一。

对物理刺激的主观感受是认知的基础，因此在认知过程中是必不可少的。

其次，在认知过程中个体不但有对客观事物的物理刺激的感受，而且有对物理刺激相关信息的意义的理解。个体会根据自己长期积累的经验对主观感受作出解释，并且把各种相关的信息组织起来。

例如，个体在有红色的主观感受时会对红色的意义作出自己的解释，个体在有声响的主观感受时会对声响的意义作出自己的解释，个体在有疼痛的主观感受时会对疼痛的意义作出自己的解释，等等。这些意义理解是意识活动的重要部分。

对物理刺激相关信息的意义的理解是认知内容的一部分，因此在认知过程中是必不可少的。

再次，在认知过程中普遍存在评估与抉择。在个体脑内，在先天的评估结构的基础上，根据过去的经验和当前的需要形成评估的标准。评估系统将物理刺激信息的意义与评估的标准进行比较，从而给出评估的结果。个体由评估的结果对信息按重要性的程度排序，决定取舍及处理，并且会对可能的反应作出抉择（Edelman et al 2000，黄秉宪 2000）。

个体对事件信息的评估是意识活动的一部分。脑内评估是在认知过程中不断进行的，脑内信息加工过程的每一步都需要对信息进行评估，因此在认知过程中是必不可少的。

最后，在认知过程中，个体在对信息意义理解和对相关事件评估的基础上，会产生主观意向。这些主观意向对认知过程有主动的调控作用。例如，对信息意义的理解和评估的结果，使个体进一步选择性地获取新的信息，从而影响认知过程的进展。

此外，经评估和抉择作出的决定，通过调节、控制的功能系统，会对机体状态进行调控，并对外界环境作出反应。例如，通过调控行动而作用于外界客观事物。

个体对认知过程的主动调控是意识活动的另一重要部分。正常的认知过程不能失去调控，因此主动调控在认知过程中是必不可少的。

脑是信息加工的物质基础，也是意识活动的物质基础。认知过程中的信息加工与意识活动，是通过认知的组成部分之间的相互作用、认知和心理活动其他成分相互作用以及认知过程中心脑相互作用来实现的。

总之，在认知过程中不但有脑内的信息加工，而且有包括感受、理解、评估和调控等脑内的意识活动。脑内信息加工只是认知的一个方面，脑内意识活动也是认知的重要方面。

在认知过程中，信息加工和意识活动不是独立无关，而是紧密耦联和交叉进行的。认知过程常常从外界环境获取信息开始，经过脑内的信息加工、主观感受、意义理解、事件评估和主动调控，其结果支配行动并作用于环境。

如果把认知系统看做一个具有输入端、主系统、控制调节系统和输出端的系统，那么它并不是一个单纯的信息加工系统，而是一个信息加工与意识活动相耦联的复杂系统。

在输入端，感觉器官从外界环境获得信息。但只有在对信息的主观感受和意义理解的基础上，才能有效地从外界环境选择和获取需要的信息。

在脑内，有信息的编码、储存、提取、加工和运用，同时有对刺激的主观感受和信息意义的理解。只有在主观感受和意义理解的基础上，才能正确地提取信息、加工信息和运用信息。

此外，系统还有评估抉择的功能。信息加工为评估提供资料，而信息加工中又不断进行评估。评估涉及对客观事件的感受、对事件意义的解释、对个体过去经验的提取，以及对事件信息和储存信息间的比较等，评估的结果会影响信息加工的过程。

在评估之后，选择对个体有重要意义的信息，送到编制程序、起调节和控制作用的功能系统，指导它完成调控任务，达到期望的目标。

在输出端，信息加工的结果支配行动。然而要有对信息意义的理解和信息加工结果的意义的理解，还要经过评估、抉择和主动调控，才能正确地支配行动，作用于环境。

由此可见，在认知活动中除认知系统的输入端和输出端的信号变换外，在认知系统的主系统和控制调节系统中，还进行着信息加工、主观感受、意义理解、事件评估和主动调控等过程。认知系统是一个包括信号变换、信息加工、主观感受、意义理解、事件评估、主动调控和输出动作等活动的复杂系统。

在认知过程中，信号变换、信息加工、主观感受、意义理解、事件评估、主动调控和输出动作等都是必不可少的。以前简单的认知信息加工观点只注意脑内信息加工，而忽略主观感受、意义理解、事件评估和主动调控等意识活动，就不能正确地了解认知。

当然，如果没有脑内信息加工，就不会有认知。但是如果没有主观感受、意义理解、事件评估和主动调控等意识活动，也无所谓认知。

下面举两个例子，说明在日常简单的认知活动中脑内进行的信息加工与意识活动。

以听人说话为例，听一个人说话时，在听话人的脑里进行着哪些活动呢？

当那个人说话时，他的声音传到听话人的听觉器官，声音的物理刺激在听觉器官中产生神经信号。这些神经信号传递到脑内，使大脑皮层与听觉相关的脑区激活，引起对声音的主观感受。

听话人听到的不只是那个人说话的声音，还有他说的话语。因此，听话人的大脑皮层与语言相关的脑区激活，引起对话语的感受。通过脑区间的相互作用，对话语的信息进行复杂的信息加工。

在对听到的话语的内容进行语义信息加工时，还要提取脑内储存的相关信息，加以分析和综合，得到对话语的意义的理解，了解话语中各种有关信息之间的关系。

当那个人说话时，他的面部表情和姿态等通过光传到听话人的视觉器官，光的物理刺激在视觉器官产生神经信号，它们传递到脑内，使大脑皮层与视觉相关的脑区激活，引起听话人对说话人形象的主观感受。

除说话人的声音和形象等信息外，听话人还从周围环境中得到其他信息。所有这些信息都在大脑中进行加工，从而得到言语、形象、环境的综合感受，并且会把对话语意义的理解和对说话人及环境的理解组织起来，形成整体的理解。

在脑内信息加工和意义理解与组织的基础上，听话人会进一步进行推理和判断。然后就可能作出决定，或者对说话人不响应，或者支配动作，对说话人作出响应，例如进行对话。

概括起来，即使在听人说话这种非常简单的日常认知事件中，在听话人的脑内也有复杂的神经活动和心理活动，有复杂的信息加工与运用过程（包括当前的信息和脑内原来储存的信息）、主观感受过程，以及对信息意义的理解与组织过程（包括对简单信息的理解和对复杂信息的理解与组织）。

在上面这个例子中，听话人必须对说话者声音、话语、形象及环境等有种种主观感受，并且还要提取脑内原来储存的语义知识，才能对听到的话语的意义有理解，然后作出判断和决定。

由此可见，若只讨论信息加工而不讨论认知过程中的意识活动，是不能全面地描述听人说话这种简单的认知过程的。

再以视觉图像的辨认为例。已知脑在处理视觉信息的同时，通过神经反馈控制眼球的运动，以便用最有效的方式和速度来采集图形信息。在视觉图像辨认过程中，眼球不是均匀地扫描全幅图像，而是通过一系列快速的眼球跳动来改变注视点位置，有选择地通过注视停顿来采集图像中的关键信息。因此，眼动记录可以提供图像辨认中信息处理的空间及时序关系。孙复川等（1994）用眼动测量方法研究了视觉图像辨认的机制。

已经知道，在图像辨认中存在两种信息加工的方式。一种方式是数据驱动加工方式，也就是自下而上的信息加工方式：先由若干不同的特征单元把被识别图像分解成简单的几何特征成分，然后根据其特征的统计结果得出识别输出。在这种方式中信息提取过程只决定于输入的信息。

另一种方式是概念驱动加工方式，也就是自上而下的信息加工方式：在图像辨认中，根据已形成的概念模型和从记忆中已储存的信息得出的推测，来指导和约束对输入感觉信息的加工。

孙复川等（1994）的实验表明，对于简单的几何图形，眼动注视停顿主要是集中在图形中几何特征特殊之处，实质上是与周围不同的奇异点。如实验中对于带缺口的圆形作刺激图像所作的眼动记录，所有被试者的第一次注视点都落在缺口附近。这就是说，在简单几何图形的图像辨认的过程中，眼动注视点并不是均匀地分布在整幅图像上，图像识别眼动的注视点位置主要是落在图像的轮廓、拐角等部位。

他们认为，对简单几何图形，视觉系统主要选择其几何特征的关键部分进行检测。从表面看来，这似乎和视觉的几何特征检测功能相似，但是实质上注视眼动位置的决定，是由于图像对视觉系统先产生了一个初步的粗略的刺激（因为其中大部分是对不精确的非中央凹的刺激），在中枢进行处理及选择，再借助于颅神经反馈控制支配眼球运动，将注视点落到中枢根据某些准则决定的图形奇点上，来进一步详细地采集信息，以达到识别图像的目的。所以这种眼动不是一个单向的自下而上的加工，而已经包含了自上而下的加工过程。

他们的实验还给出，对复杂图像刺激，眼动注视点的位置决定于被试者的已有知识背景及特点。他们说，对于复杂图像，眼动注视点集中于内容信息的关键部位，这明显与高级中枢神经系统的一些注意及知觉过程是一致的。

他们的实验中还用一幅信噪比特低的"破碎信息照片"作为刺激图像，对于看不出该图内容的被试者，眼动注视点一般为无规律地扫描该幅图像中各部位。一旦对被试者指明这是一幅某种物体的照片后，再次对被试者显示该图像，其眼动注视停顿大部分集中在图中这种物体形状的部位。

他们指出，"破碎信息图片"的眼动实验表明，"看见"物体不只是眼睛的功能，视觉刺激必须是与脑内已有的模型或概念联系起来眼睛才能"看见"，这是说明自上而下加工的一个典型例子。图像的亮度、对比度及其空间分布，都可对视觉引起充分的刺激，但这些信息仅由自下而上的方式提取并传送给脑部，并不能认出是什么内容。图像的辨认或识别必须在高级中枢已形成模型后才能产生，必须有了模型才能认识，甚至在只得到部分不全的图像信息时，也能由模型近似估计出什么图像，再由自上而下加工方式来进行确认或否定，这种由中枢模型控制的自上而下加工来识别图像的方法，可以提高视觉识别的能力与效率。

前面提到，简单的信息加工模型用信息的获取、存储、加工和利用来描述认知过程，但是并不讨论认知中的意识活动。通过孙复川等视觉实验的例子，也可以看到简单的信息加工模型的有效性和局限性。

一方面，在视觉图像辨认时，脑内存在信息的获取、存储、加工和利用等步骤。用简单的信息加工模型可以说明视觉图像辨认中的一部分过程。用它描述视觉图像辨认，具有一定程度的有效性。

但是另一方面，简单的信息加工模型不强调认知中的意识活动，所以它不能说明视觉图像辨认中的许多现象，用它描述视觉图像辨认，特别是复杂图像的辨认时具有局限性。

实际上，图像辨认时的自上而下加工过程都包含意识活动。即使在对简单的几何图形辨认时，也常有意识活动参与。在上面提到的实验中有一些自上而下的加工，例如把视觉注意点落到图形几何特征的关键部分，就包含意识活动。

至于在对复杂图像的辨认时，更存在大量的意识活动。单纯提取特征信息，并不能认出图像的内容，需要有意义的理解，还需要从记忆中提取已贮存的信息进行推测。这些自上而下的加工都是意识活动。

由此可见，用简单的信息加工模型说明视觉图像辨认是有效的，但也有局限性。若只讨论认知过程中的信息加工，而不讨论认知过程中的意识活动，是不能全面地描述视觉图像辨认这种简单的认知过程的。

以上只是两个非常简单的认知事件，实际上大量的认知活动比它们要复杂得多。例如在许多情况下，脑内要形成概念、进行抽象思维、产生语言，等等。这时脑内的信息加工与意识活动要复杂得多。

前面讨论了认知过程中的主观感受、意义理解、事件评估和主动调控等。其中主观感受是外界客观事物的信息以及信息加工的结果引起的个体的主观感受。意义理解是个体在主观感受的基础上，对外界信息和信息加工结果意义的主观理解。事件评估是个体将事件的信息与评估的主观标准进行比较而得到评估的结果。主动调控是个体选择有重要意义的信息，对认知过程起主动的调控。它们都是意识活动的表现。认知过程中意识活动的各种表现具有意识的共同特性。

塞尔（Searle 2000）指出，意识具有定性性质、主观性质、统一性质和流动性质等一系列特性。意识具有定性的特性，有意识状态都有一个特定的定性体验。意识具有主观的特性，有意识状态是主观的体验。意识具有整体统一的特性，个体的意识体验是整体体验。意识具有流动的特性，个体的意识体验是随时间不断更新的。认知过程中的意识活动同样具有这些特性。

意识的四个要素理论认为意识具有意识觉醒、意识内容、意识指向和意识情感等四个要素（唐孝威 2004）。认知过程中的意识活动也涉及意识的这四个要素。

从个体觉知来说，可以按脑内信息加工的内容是否进入个体意识的情况，把脑内信息加工分为个体有意识的信息加工和个体无意识的信息加工。

脑内信息加工过程进入个体意识而被个体觉知的，称为有意识的信息加工。它们参与认知活动，是外显的认知，反之则是无意识的信息加工。脑内有许多信息加工过程，由于相应的脑区激活水平较低而不能进入个体意识。虽然无意识的信息加工不被个体觉知，但它们也参与认知活动，是内隐的认知（唐孝威 2004）。

此外，有些信息加工过程相关的神经活动与觉知系统没有联系，所以它们不可能被个体所觉知，如脑内信息的储存过程、脑内信息的传递过程和脑内信息加工的步骤等。

认知过程中的意识活动包括有意识的活动和无意识的活动。意识体验主要指对被觉知内容的体验。除被觉知的体验外，还存在不被觉知的意识活动。认知过程中信息加工与意识活动是紧密耦联的，其中既有外显的认知，又有内隐的认知。

自下而上的信息加工和自上而下的信息加工是联合进行的。在自下而上和自上而下的联合的信息加工中，都存在意识活动，包括有意识的和无意识的活动。特别在自上而下的信息加工中，有意识的活动起决定性的作用。

受控的信息加工和自动的信息加工是联合进行的。在受控的和自动的联合信息加工中，都存在意识活动，包括有意识的和无意识的活动，特别在受控的信息加工中，有意识的活动起决定性的作用。

前面评论过通常的认知信息加工模型的有效性和局限性，指出这些模型可以在一定程度上描述认知过程中的信息加工，但是它们没有着重讨论认知过程中的意识活动。

实际上在这些信息加工模型中也包含控制过程，只不过这些模型并没有明确地说明和讨论认知过程中的意识活动及其作用。例如，Atkinson 等（Shiffrin et al 1969）提出具有控制的记忆系统的模型。在这个模型中记忆存储系统包括感觉登记、短时记忆存储和长时记忆存储三个部分，此外还有对记忆存储系统进行控制的系统和反应系统。这个模型中考虑的注意、比较、对提取记忆的控制、想象等，都涉及意识活动，但是他们没有展开对意识活动的讨论。

过去一些信息加工理论还提到自上而下的过程以及受控的过程，其中都考虑了意识活动对信息加工的影响，但是没有明确指出认知过程中意识活动的重要作用。

为了弥补简单的认知信息加工模型中没有着重讨论意识活动的不足，我们发展认知的信息加工模型，提出认知的信息加工与意识活动模型。这个模型在传统的信息加工模型的基础上，强调认知过程中意识活动的重要性，全面地讨论认知过程中的信息加工与意识活动，以及它们之间的紧密耦联。

认知的信息加工与意识活动模型和通常的信息加工模型的主要区别在于：通常的信息加工模型不讨论主观的意识活动，在这些模型中只有信息和信息加工的概念，而不提意识和意识活动的概念；认知的信息加工与意识活动模型则强调认知过程中意识活动的重要性，以及意识活动和信息加工的耦联，在这个模型中既有信息和信息加工的概念，又有意识和意识活动的概念，还有两者耦联的概念。

认知的信息加工与意识活动模型的主要观点是：

第一，认知过程中脑内同时进行着信息加工与意识活动。信息加工指脑对外部世界的信息进行编码、处理、存储、利用等。意识活动指脑内的主观感受、理解、评估、调控等。

认知过程中的意识活动包括许多方面，如：对物理刺激的主观感受，对信息获取的主观选择，对信息意义的主观理解，对事件信息的主观评估，对行为反应的主观意向，对认知过程的主动调控，等等。它们都是主观的意识活动。

第二，信息加工与意识活动对于认知都是必不可少的。在认知过程中两者紧密耦联，它们同时进行并且互相交叉。信息加工引起意识活动，意识活动指导信息加工，两方面耦联而完成认知过程。

第三，认知中的意识活动包括有意识的、外显的活动，以及无意识的、内隐的活动。在认知过程中，外显的意识活动和内隐的意识活动都和信息加工互相耦联。

第四，认知具有许多组成部分。在认知过程中，这些组成部分之间存在复杂的相互作用。通过认知的不同组成部分和它们之间的相互作用，实现信息加工与意识活动的耦联。用认知的信息加工与意识活动模型，可以对认知的不同组成部分和它们之间不同的相互作用进行统一的描述。

认知的信息加工与意识活动模型既包含原来信息加工模型的特点，又讨论认知中的各种意识活动。它是认知统一理论的一个认知模型。

本文作者：唐孝威

原载于唐孝威著《统一框架下的心理学与认知理论》

（上海人民出版社，2007 年）

参考文献

[1] 艾森克·1999. 心理学的未来[M]//索拉索·21 世纪的心理科学与脑科学·朱滢, 等, 译·北京: 北京大学出版社·

[2] 白学军·1996. 智力心理学的研究进展[M]·杭州: 浙江人民出版社·

[3] 白学军·2004. 智力发展心理学[M]·合肥: 安徽教育出版社·

[4] 波佩尔·2000. 意识的限度[M]·李力涵, 韩力, 译·北京: 北京大学出版社·

[5] 陈飞燕, 等·2009. 珠心算儿童的心理学实验[R]·内部报告·

[6] 陈国鹏·2005. 心理测验与常用量表[M]·上海: 上海科学普及出版社·

[7] 陈立·1992. 陈立心理科学论著选[M]·杭州: 杭州大学出版社·

[8] 陈立·2001. 陈立心理科学论著选·续编[M]·杭州: 浙江大学出版社·

[9] 陈孝禅·1983. 普通心理学[M]·长沙: 湖南人民出版社·

[10] 戴海崎, 等·2007. 心理与教育测量[M]·广州: 暨南大学出版社·

[11] 道金斯·1998. 眼见为实——寻找动物的意识[M]·蒋志刚, 等, 译·上海: 上海科学技术出版社·

[12] 邓赐平·2002. 译者序[M]//弗拉维尔, 等·认知发展·邓赐平, 刘明, 译·上海: 华东师范大学出版社·

[13] 董奇, 等·2002. 婴儿问题解决行为的特点与发展[J]·心理学报, 34 (1): 61—66·

[14] 董奇, 等·2010. 中国 6—15 岁儿童青少年心理发育关键指标与测评[M]·即将出版·

[15] 董奇, 陶沙·2004. 动作与心理发展[M]·北京: 北京师范大学出版社·

[16] 董奇·1993·儿童创造力发展心理[M]·杭州：浙江教育出版社·

[17] 方富熹，方格·2005·儿童发展心理学[M]·北京：人民教育出版社·

[18] 高玉祥·1989·个性心理学[M]·北京：北京师范大学出版社·

[19] 侯世达·1996·哥德尔·艾舍尔·巴赫——集异璧之大成[M]·郭维德，
     等，译·北京：商务印书馆·

[20] 黄秉宪·2000·脑的高级功能与神经网络[M]·北京：科学出版社·

[21] 荆其诚，等·2003·20年来中国独生子女的心理学研究[J]·华人心理学
     报，3（2）：163—181·

[22] 卡尔文·1996·大脑如何思维——智力演化的今昔[M]·杨雄里，梁培
     基，译·上海：上海科学技术出版社·

[23] 李红燕·2005·智力理论研究的进展及其对教育的启示[J]·教育理论与实
     践，4：34·

[24] 李其维，金瑜·1999·简评一种新的智力理论：PASS模型[M]//戴斯，等·
     认知过程的评估——智力的PASS理论·杨艳云，等，译·上海：华东师
     范大学出版社·

[25] 林崇德，沈德立·1996·当代智力心理学丛书总序[M]//白学军·智力心理
     学和研究进展·杭州：浙江人民出版社·

[26] 林崇德·1992·学习与发展[M]·北京：北京教育出版社·

[27] 林传鼎·1985·开发智力的心理学问题[M]·北京：知识出版社·

[28] 林传鼎·1991·智力[G]//中国大百科全书总编辑委员会《心理学》编辑委
     员会，等·中国大百科全书：心理学·北京：中国大百科全书出版社·

[29] 刘爱伦，等·2002·思维心理学[M]·上海：上海教育出版社·

[30] 陆汝钤·1995·人工智能[M]·北京：北京科学出版社·

[31] 缪小春·2001·译者序[M]//卡米洛夫-史密斯·超越模块性——认知科学
     的发展观·缪小春，译·上海：华东师范大学出版社·

[32] 潘菽，等·1985·人类的智能[M]·上海：上海科学技术出版社·

[33] 潘菽·1987·潘菽心理学文选[M]·南京：江苏教育出版社·

[34] 彭聃龄，陈宝国·2008·汉语儿童语言发展与促进[M]·北京：人民教育
     出版社·

[35] 彭聃龄·2001·普通心理学（修订版）[M]·北京：北京师范大学出版社·

[36] 珀文·2001·人格科学[M]·周榕，等，译·上海：华东师范大学出版社·

[37] 秦金亮·2008·儿童发展概论[M]·北京：高等教育出版社·

[38] 邵志芳·2007·思维心理学[M]·上海：华东师范大学出版社·

[39] 施建农，徐凡·2004·超常儿童发展心理学[M]·合肥：安徽教育出版社·

[40] 孙复川，等·1994·视觉图像辨认眼动中的 top-down 信息处理[J]·生物物理学报，10（3）：431—438·

[41] 唐孝威，陈硕·2009·心智的定量研究[M]·杭州：浙江大学出版社·

[42] 唐孝威，等·2006·脑科学导论[M]·杭州：浙江大学出版社·

[43] 唐孝威，黄秉宪·2003·脑的四个功能系统学说[J]·应用心理学，9（2）：3—5·

[44] 唐孝威·1999·脑功能成像[M]·合肥：中国科学技术大学出版社·

[45] 唐孝威·2003·脑功能原理[M]·杭州：浙江大学出版社·

[46] 唐孝威·2004·意识论——意识问题的自然科学研究[M]·北京：高等教育出版社·

[47] 唐孝威·2005·关于心理学统一理论的探讨[J]·应用心理学，11（3）：282—283·

[48] 唐孝威·2007·统一框架下的心理学与认知理论[M]·上海：上海人民出版社·

[49] 唐孝威·2008a·心智的无意识活动[M]·杭州：浙江大学出版社·

[50] 唐孝威·2008b·AMPLE 智力模型——PASS 智力模型的扩展[J]·应用心理学，14（1）：66—69·

[51] 王登峰，等·2006·行为的跨情境一致性及人格与行为的关系——对人格内涵及其中西方差异的理论与实证分析[J]·心理学报，38（4）：543—552·

[52] 王光荣·2004·维果茨基的认知发展理论及其对教育的影响[J]·西北师大学报（社会科学版），41（6）：122—125·

[53] 韦钰，Rowell P·2005·探究式科学教育教学指导[M]·北京：教育科学出版社·

[54] 沃建中·1996·智力研究的实验方法[M]·杭州：浙江人民出版社·

[55] 吴国宏，钱文·译者的话[M]//斯腾伯格·成功智力·吴国宏，钱文，译·上海：华东师范大学出版社·

[56] 吴天敏·1980·关于智力的本质[J]·心理学报，13（3）：12—19·

[57] 吴天敏·1983·提高智慧的初步研究[J]·心理学报，16（3）：9—14·

[58] 吴天敏·1985·提高智慧的再次研究[J]·心理学报，18（1）：40—47·

[59] 吴祖仁·2009·论创新型人才的素质结构评价体系与教育创新[J]·物理通报，2：1—3·

[60] 谢中兵·2007·思维、智力、创造力——理论与实践的实证探索[M]·北京：中国经济出版社·

[61] 燕国材·1981·智力与学习[M]·北京：教育科学出版社·

[62] 杨玉芳·2003·中国心理学研究的现状与展望[J]·中国科学基金，17（3）：141—145·

[63] 杨治良·1998·实验心理学[M]·杭州：浙江教育出版社·

[64] 俞晓琳，吴国宏·译者导言[M]//斯腾伯格·超越IQ·俞晓琳，吴国宏，译·上海：华东师范大学出版社·

[65] 曾保春，陶德清·2003·认知神经科学对智力的研究新进展[J]·赣南师范学院学报，1：30·

[66] 查建中，何永汕·2009·中国工程教育改革三大战略[M]·北京：北京理工大学出版社·

[67] 查子秀·1993·超常儿童心理学[M]·北京：人民教育出版社·

[68] 张春兴·1998·教育心理学[M]·杭州：浙江教育出版社·

[69] 张厚粲，吴正·1994·公众的智力观[J]·心理科学，17（2）：65—69·

[70] 张琼，施建农·2005·超常儿童研究现状与趋势[J]·中国心理卫生杂志，19（10）：685—687·

[71] 张琼，施建农·2006·个体智力差异的神经生物学基础[J]·中国临床心理学杂志，14（4）：435—440·

[72] 章志光，彭聃龄·1961·素质和能力[J]·心理学报，6（1）：35—45·

[73] 郑日昌，等·1999·心理测量学[M]·北京：人民教育出版社·

[74] 周振朝, 章竞思. 2002. 智力理论和测验整合发展的基本走向 [J]. 山西大学学报 (哲学社会科学版), 25 (6): 7—11.

[75] 朱新明, 李亦菲. 2000. 架设人与计算机的桥梁——西蒙的认知与管理心理学 [M]. 武汉: 湖北教育出版社.

[76] 朱滢. 2000. 实验心理学 [M]. 北京: 北京大学出版社.

[77] 朱智贤, 林崇德. 1986. 思维发展心理学 [M]. 北京: 北京师范大学出版社.

[78] Adolphs R. 2003. Cognitive neuroscience of human social behaviour [J]. Nature Reviews Neuroscience, 4 (3): 165—178.

[79] Ainsworth M, et al. 1978. Patterns of attachment [M]. Hillsdale, NJ: Erlbaum.

[80] Albus J, et al. 2007. A proposal for a decade of the mind initiative [J]. Science, 317 (5843): 1322—1324.

[81] Allport G. 1937. Personality: A psychological interpretation [M]. New York: Holt, Rinehart and Winston.

[82] Andersen R, He Cui. 2009. Intention, action planning, and decision making in parietal-frontal circuits [J]. Neuron, 63 (5): 568—583.

[83] Anderson J, Bower G. 1973. Human associative memory [M]. New York: John Wiley & Sons.

[84] Anderson J, et al. 1998. An integrated theory of list memory [J]. Journal of Memory and Language, 38 (4): 341—380.

[85] Anderson J, et al. 2004. An integrated theory of the mind [J]. Psychological Review, 111 (4): 1036—1060.

[86] Anderson J, et al. 2008. A central circuit of the mind [J]. Trends in Cognitive Sciences, 12 (4): 136—143.

[87] Anderson J. 1976. Language, memory and thought [M]. Hillsdale, NJ: Erlbaum.

[88] Anderson J. 1983. The architecture of cognition [M]. Massachusetts: Harvard University Press.

[89] Anderson M. 1992. Intelligence and development [M]. Oxford: Blackwell.

[90] Anderson M. 2003. Embodied cognition: A field guide [J]. Artificial Intelligence, 149 (1): 91—130.

[91] Arnold M. 1960. Emotion and Personality [M]. New York: Columbia University Press.

[92] Atherton M, et al. 2003. A functional MRI study of high-level cognition. I. The game of chess [J]. Cognitive Brain Research, 16 (1): 26—31.

[93] Barlow H. 1983. Intelligence, guesswork, language [J]. Nature, 304 (5923): 207—209.

[94] Barrett P, Eysenck H. 1992. Brain evoked potentials and intelligence: The Hendrickson paradigm [J]. Intelligence, 16 (3—4): 361—381.

[95] Barry R, Clarke A. 2005. Electrophysiology and intelligence [J]. Clinical Neurophysiology, 116 (19): 1999—2000.

[96] Battro A. 2004. Digital skills, globalization and education [M]//Suarez-Orozco M, et al. Globalization: Culture and education in the new millennium. San Francisco: California University Press.

[97] Battro A. 2008. The digital intelligence: A new human skill and a global challenge [C]//2008 Proceedings of Asia-Pacific conference on mind, brain, and education. Nanjing, Southeast University.

[98] Baum E. 2004. What is thought [M]. Massachusetts: MIT Press.

[99] Benjafield J. 1996. A history of psychology [M]. Boston: Allyn and Bacon.

[100] Berry J. 1974. Radical cultural relativism and the concept of intelligence [M]//Berry J, Dasen P. Culture and cognition: Readings in cross-cultural psychology. London: Methuen.

[101] Bilalic M, et al. 2007. Does chess need intelligence? — A study with young chess players [J]. Intelligence, 35 (5): 457—470.

[102] Binet A, Simon T. 1916. The development of intelligence in children [M]. Baltimore: Williams-Wilkins.

[103] Boring E. 1923. Intelligence as the tests test it [J]. New Republic, 36: 35—37.

[104] Boring E. 1950. A history of experimental psychology [M]. Englewood Cliffs, NJ: Prentice-Hall.

[105] Bowlby J. 1958. The nature of children's tie to his mother [J]. International Journal of Psycho-Analysis, XXXIX: 1—23.

[106] Brooks R. 1991. Intelligence without reason [C]//Proceedings of 12 th International Joint Conference on Artificial Intelligence. Sydney, Australia, August 1991.

[107] Brooks R. 1999. Cambrian Intelligence: the early history of the new AI [M]. Massachusetts: MIT Press.

[108] Camille N, et al. 2004. The involvement of the orbitofrontal cortex in the experience of regret [J]. Science, 304 (5674): 1167—1170.

[109] Cannon W. 1929. Bodily changes in pain, hunger, fear and rage [M]. New York: Appelton.

[110] Cantor N, Harlow R. 1994. Social intelligence and personality: Flexible life task pursuit [M]//Sternberg R, Ruzgis P. Personality and intelligence. Cambridge: Cambridge University Press.

[111] Cantor N, Kihlstrom J. 1987. Personality and social intelligence [M]. Englewood Cliffs, NJ: Prentice-Hall.

[112] Carlson R. 1997. Experienced cognition [M]. New Jersey: Lawrence Erlbaum Assoc.

[113] Carroll J. 1993. Human cognitive abilities: A survey of factor-analytic studies [M]. New York: Cambridge University Press.

[114] Caryl P. 1994. Early event-related potentials correlate with inspection time and intelligence [J]. Intelligence, 18 (1): 15—46.

[115] Cattell R. 1963. Theory of fluid and crystallized intelligence: A critical experiment [J]. Journal of Educational Psychology, 54 (1): 1—22.

[116] Cattell R. 1971. Abilities: Their structure, growth, and action [M]. Boston: Houghton Mifflin.

[117] Cattell R. 1972. The 16 PF and basic personality structure: A reply to Eysenck

[J]. Journal of Behavioral Science, 1 (4): 169—187.

[118] Ceci S, Liker J. 1986. A day at the races: A study of IQ, expertise, and cognitive complexity [J]. Journal of Experimental Psychology: General, 115 (3): 255—266.

[119] Ceci S. 1996. On intelligence [M]. Cambridge, MA: Cambridge University Press.

[200] Charlesworth W. 1979. An ethological approach to studying intelligence [J]. Human Development, 22 (3): 212—216.

[121] Chen Feiyan, et al. 2006a. Neural correlates of serial abacus mental calculation in children: a functional MRI study [J]. Neuroscience Letters, 403 (1—2): 46—51.

[122] Chen Feiyan, et al. 2006b. The neural network of mental calculation in child abacus experts and nonexperts [J]. Proc. Intl. Soc. Mag. Reson. Med. , 14: 160.

[123] Chen Xiangchuan, et al. 2003. A functional MRI study of high-level cognition. II. The game of GO [J]. Cognitive Brain Research, 16 (1): 32.

[124] Clark A. 1998. Embodied, situated, and distributed cognition [M]//Bechtel W, Graham G. A companion to cognitive sciences. Malden, MA: Blackwell.

[125] Cole M, et al. 1971. The cultural context of learning and thinking [M]. New York: Basic Books.

[126] Coles R. 1997. The moral intelligence of children: How to raise a moral child [M]. New York: NAL/Dutton.

[127] Colom R, et al. 2006. Distributed brain sites for the g-factor of intellig- ence [J]. NeuroImage, 31 (3): 1359—1365.

[128] Cooper L, Shepard R. 1973. Chronometric studies of the rotation of mental im- ages [M]//Chase W. Visual information processing. New York: Academic Press.

[129] Costa P, McCrae R. 1992. Four ways five factors are basic [J]. Personality and Individual Differences, 13: 653—665.

[130] Damasio A. 1999. The feeling of what happens: Body and emotion in the making of consciousness [M]. New York: Harcourt.

[131] Das J, et al. 1975. Simultaneous and successive synthesis: An alternative model for cognitive abilities [J]. Psychological Bulletin, 82 (1): 87—103.

[132] Das J, et al. 1979. Simultaneous and successive cognitive processes [M]. New York: Academic Press.

[133] Das J, Naglieri J, Kirby J. 1994. Assessment of cognitive processes: The PASS theory of intelligence [M]. Boston: Allyn and Bacon.

[134] Davidson R. 1994. Temperament, affective style, and frontal lobe asymmetry [M]// Dawson G, Fisher K. Human behavior and the developing brain. New York: Guilford Press.

[135] Deary I, Stough C. 1996. Intelligence and inspection time: Achievements, prospects and problems [J]. American Psychologist, 51 (6): 599—608.

[136] Deary I. 2000. Looking down on human intelligence [M]. Oxford: Oxford University Press.

[137] Drefus H. 1993. What computers still can't do: A critique of artificial reason [M]. Massachusetts: MIT Press.

[138] Duncan J, et al. 2000. A neural basis for general intelligence [J]. Science, 289 (5478): 457—460.

[139] Ebbinghaus H. 1885. Memory [M]. Leipzig: Altenberg.

[140] Eckberg D. 1979. Intelligence and race [M]. New York: Praeger.

[141] Edelman G, Toroni G. 2000. A universe of consciousness [M]. New York: Basic Books.

[142] Eysenck H, Eysenck S. 1976. Psychoticism as a dimension of personality [M]. London: Hodder and Stoughton.

[143] Eysenck H. 1982. A model for intelligence [M]. New York: Springer-Verlag.

[144] Eysenck M. 1998. Psychology: An integrated approach [M]. New York: Addison Wesley Longman.

[145] Ford M. 1994. Social intelligence [M]//Sternberg R. Encyclopedia of human in-

telligence. Volume 2: 974—978. New York: Macmillan.

[146] Fox N, Davidson R. 1986. Taste-elicited changes in facial signs of emotion and the asymmetry of brain electrical activity in human newborns [J]. Neuropsychologia, 24 (3): 417—422.

[147] Frith C, Frith U. 1999. Interacting minds: A biological basis [J]. Science, 286 (5445): 1692—1695.

[148] Gardner H. 1983. Frames of mind: The theory of multiple intelligences [M]. New York: Basic Books.

[149] Gardner H. 1993. Multiple intelligence: The theory in practice [M]. New York: Basic Books.

[150] Garlick D. 2002. Understanding the nature of the general factor of intelligence: The role of individual differences in neural plasticity as an explanatory mechanism [J]. Psychological Review, 109 (1): 116—136.

[151] Geake J, Hansen P. 2005. Neural correlates of intelligence as revealed by fMRI of fluid analogies [J]. NeuroImage, 26 (2): 555—564.

[152] Gibson J. 1966. The senses considered as perceptual systems [M]. Boston: Houghton Mifflin.

[153] Gibson J. 1979. An ecological approach to visual perception [M]. Boston: Houghton Mifflin.

[154] Glassman W. 2000. Approaches to Psychology [M]. 3rd ed. Philadelphia: Open University Press.

[155] Goldberg L, Saucier G. 1995. So what do you propose we use instead A reply to Block [J]. Psychological Bulletin, 117 (2): 221—225.

[156] Goldberg L. 1993. The structure of phenotypic personality traits [J]. American Psychologist, 48 (1): 26—34.

[157] Goleman D. 1995. Emotional Intelligence [M]. New York: Bantam Books.

[158] Gong Qiyong, et al. 2005. Voxel-based morphometry and stereology provide convergent evidence of the importance of medial prefrontal cortex for fluid intelligence in healthy adults [J]. NeuroImage, 25 (4): 1175—1186.

[159] Gottfredson L. 1997. Mainstream science on intelligence: An editorial with 52 signatories, history, and bibliography [J]. Intelligence, 24 (1): 13—23.

[160] Gray J, et al. 2003. Neural mechanisms of general fluid intelligence [J]. Nature Neuroscience, 6 (3): 207—208.

[161] Guilford J. 1967. The nature of human intelligence [M]. New York: McGraw-Hill.

[162] Guilford J. 1968. Intelligence has three facets [J]. Science, 160 (3828): 615—620.

[163] Guilford J. 1977. Way beyond the IQ [M]. Buffalo, New York: Creative Education and Bearly Limited.

[164] Haier R, et al. 1988. Cortical glucose metabolic rate correlates of abstract reasoning and attention studied with positron emission tomography [J]. Intelligence, 12: 199—217.

[165] Haier R, et al. 1992a. Intelligence and changes in regional cerebral glucose metabolic rate following learning [J]. Intelligence, 16 (3—4): 415—426.

[166] Haier R, et al. 1992b. Regional glucose metabolic changes after learning a complex visuospatial/motor task: A positron emission tomographic study [J]. Brain Research, 570 (1—2): 134—143.

[167] Haier R, et al. 2003. Individual differences in general intelligence correlate with brain function during nonreasoning tasks [J]. Intelligence, 31 (5): 429—441.

[168] Haier R, et al. 2004. Structural brain variation and general intelligence [J]. NeuroImage, 23 (1): 425—433.

[169] Hass A. 1998. Doing the right thing: Cultivating your moral intelligence [M]. New York: Pocket Books.

[170] Hathaway S, Mckinley J. 1943. The Minnesota multiphasic personality inventory [M]. Minneapolis, MN: University of Minnesota Press.

[171] Hawkins J, Blakeslee S. 2004. On intelligence [M]. New York: Henry Holt.

[172] Hilleke E, Pol H, Hugo G, et al. 2006. Genetic contributions to human brain morphology and intelligence [J]. The Journal of Neuroscience, 26 (40): 10235—10242.

[173] Hoffman M. 2000. Empathy and moral development: Implications for caring and justice [M]. New York: Cambridge University Press.

[174] Hofstadter D. 1995. Fluid concepts and creative analogies [M]. New York: Basic Books.

[175] Hunt E. 1978. Mechanics of verbal ability [J]. Psychological Review, 85 (2): 109—130.

[176] Hunt E. 1983. On the nature of intelligence [J]. Science, 219 (4581): 141—146.

[177] Hunt E. 1995. The role of intelligence in modern society [J]. American Scientist, 83 (4): 356—367.

[178] Jensen A. 1969. How much can we boost IQ and scholastic achievement [J]. Harvard Educational Review, 39: 1—123.

[179] Jensen A. 1998. The g factor: The science of mental ability [M]. London: Praeger Publishers.

[180] Kane M, Engle R. 2002. The role of prefrontal cortex in working memory capacity, executive attention, and general fluid intelligence: An individual differences perspective [J]. Psychonomic Bulletin & Review, 9 (4): 637—671.

[181] Karni A, et al. 1995. Functional MRI evidence for adult motor cortex plasticity during motor skill learning [J]. Nature, 377 (6545): 155—158.

[182] Keating D. 1978. A search for social intelligence [J]. Journal of Educational Psychology, 70 (12): 218—223.

[183] Koch C. 2004. The quest for consciousness: A neurobiological approach [M]. Englewood: Roberts and Company Publishers.

[184] Kosslyn S, Rosenberg R. 2003. Psychology: The brain, the person, the world [M]. 2nd ed. Boston: Allyn and Bacon.

[185] Laird J, Rosenbloom P, Newell A. 1986. Universal subgoaling and chunking, the automatic generation and learning of goal hierarchies [M]. Boston: Kluwer.

[186] Lakoff G, Johnson M. 1999. Philosophy in the flesh: The embodied mind and its challenge to western thought [M]. New York: Basic Books.

[187] Laming D. 1997. The measurement of sensation [M]. Oxford: Oxford University Press.

[188] Larkin J, et al. 1980. Expert and novice performance in solving physics problems [J]. Science, 208 (4450): 1335—1342.

[189] Lazarus R. 1991. Cognition and motivation in emotion [J]. American Psychologist, 46 (4): 352—367.

[190] Lazarus R. 1993. From psychological stress to the emotion: A history of changing outlooks [J]. Annual Review of Psychology, 44: 1—22.

[191] LeDoux J. 1992. Emotion and the amygdala [M]//Aggleton J. The amygdala: Neurobiological aspects of emotion, memory, and mental dysfunction. New York: Wiley-Liss.

[192] LeDoux J. 1996. The emotional brain: The mysterious underpinning of emotional life [M]. New York: Simon and Schuster.

[193] Lee K, et al. 2006. Neural correlates of superior intelligence: Stronger recruitment of posterior parietal cortex [J]. NeuroImage, 29 (2): 578—586.

[194] Lu Zuhong. 2008. Abstracts [C]//2008 Proceedings of Asia-Pacific conference on mind, brain, and education. Nanjing, Southeast University.

[195] Luria A. 1966. Human brain and psychological processes [M]. New York: Harper and Row.

[196] Luria A. 1973. The working brain: An introduction to neuropsychology [M]. New York: Basic Books.

[197] Luria A. 1980. Higher Cortical Functions in Man [M]. Moscow: Moscow University Press.

[198] Macphail E. 1982. Brain and intelligence in vertebrates [M]. Oxford: Clarendon.

[199] Matarazzo J. 1992. Biological and physiological correlates of intelligence [J]. Intelligence, 16 (3—4): 257—258.

[200] Mayer J, Salovey P. 1997. What is emotional intelligence [M]//Salovey P, Sluyter D. Emotional development and emotional intelligence: Implications for

educators. New York: Basic Books.

[201] McCrae R, Costa P. 1992. An introduction to the five-factor model and its applications [J]. Journal of Personality, 60: 175—215.

[202] McLean P. 1949. Psychosomatic disease and the "Visceral Brain": Recent developments bearing on the Papez theory of emotion [J]. Psychosomatic Medicine, 11 (6): 338—353.

[203] Miller G. 1956. The magic number seven plus or minus two: Some limits on our capacity for processing information [J]. Psychological Review, 63: 81—97.

[204] Minsky M. 1967. Computation: Finite and infinite machines [M]. Englewood Cliffs, NJ: Prentice-Hall.

[205] Mollon J, Perkins A. 1996. Errors of judgement at Greenwich in 1796 [J]. Nature, 380 (6570): 101—102.

[206] Naglieri J, Das J. 1988. Planning-arousal-simultaneous-successive (PASS): A model for assessment [J]. Journal of School Psychology, 26 (1): 35—48.

[207] Naglieri J, Das J. 1990. Planning, attention, simultaneous and successive (PASS) cognitive processes as a model for intelligence [J]. Journal of Psychoeducational Assessment, 8 (3): 303—337.

[208] Neisser U. 1979. The concept of intelligence [J]. Intelligence, 3 (3): 217—227.

[209] Newell A, Rosenbloom P. 1981. Mechanism of skill acquisition and the law of practice [M]//Anderson J. Cognitive skills and their acquisition. New Jersey: Lawrence Erlbaum Assoc.

[210] Newell A, Simon H. 1972. Human problem solving [M]. Englewood Cliffs, NJ: Prentice-Hall.

[211] Newell A. 1990. Unified theories of cognition [M]. Massachusetts: Harvard University Press.

[212] Nickerson R, Perkins D, Smith E. 1985. The teaching of thinking [M]. Hillsdale, NJ: Erlbaum.

[213] Norman D. 1981. Perspectives on cognitive science [M]. New Jersey: Ablex.

[214] Papez J. 1937. The brain considered as an organ: Neural systems and central levels of organization [J]. The American Journal of Psychology, 49 (2): 217—232.

[215] Peterson L, Peterson M. 1959. Short-term retention of individual verbal items [J]. Journal of Experimental Psychology, 58: 193—198.

[216] Piaget J. 1983. Piaget's theory [M]//Mussem P. Handbook of child psychology. Volume I. New York: John Wiley.

[217] Piaget J. 1952. The origins of intelligence in children [M]. New York: International Universities Press.

[218] Plomin R, et al. 1994. The genetic basis of complex human behaviors [J]. Science, 264 (5166): 1733—1739.

[219] Posner M, Raichle M. 1996. Images of mind [M]. New York: Scientific American Library.

[220] Qin Yulin, et al. 2004. The change of the brain activation patterns as children learn algebra equation solving [J]. Proc. Natl. Acad. Sci. USA, 101 (5): 5686—5691.

[221] Raichle M, et al. 1994. Practice-related changes in human brain functional anatomy during nonmotor learning [J]. Cerebral Cortex, 4 (1): 8—26.

[222] Robaey P, et al. 1995. A comparative study of ERP correlates of psychometric and Piagetian intelligence measures in normal and hyperactive children [J]. Electroencephalography and Clinical Neurophysiol, 96 (1): 56—75.

[223] Rothwell J. 1995. Motor coordination: Watching the brain think [J]. Current Biology, 5 (2): 100—102.

[224] Salovey P, Mayer J. 1990. Emotional intelligence [J]. Imagination, Cognition and Personality, 9 (3): 185—211.

[225] Scheutz M. 2002. Computationalism: New directions [M]. Massachusetts: MIT Press.

[226] Sdorow L. 1995. Psychology [M]. 3rd ed. Madison: Brown & Benchmark Publishers.

[227] Searle J. 1990. Is the brain's mind a computer program [J]. Scientific American, 262 (1): 26—31.

[228] Searle J. 2000. Consciousness [J]. Annual Review of Neuroscience, 23: 557—578.

[229] Seibel R. 1963. Discrimination reaction time for a 1023-alternative task[J]. Journal of Experimental Psychology, 66 (3): 215—226.

[230] Serpell R. 1994. The cultural construction of intelligence [M]//Lonner W, Malpass R. Psychology and culture. Boston: Allyn and Bacon.

[231] Shepard R, Metzler J. 1971. Mental rotation of three-dimensional objects [J]. Science, 171 (3972): 701—703.

[232] Shiffrin R, Atkinson R. 1969. Storage and retrieval processing in long-term memory [J]. Psychological Review, 76 (2): 179—193.

[233] Shin L, et al. 2000. Activation of anterior paralimbic structures during guilt-related script-driven imagery [J]. Biological Psychiatry, 48 (1): 43—50.

[234] Snow R. 1980. Aptitude processes [M]//Snow R, et al. Aptitude, learning, and instruction: Cognitive process analysis. Volume 1. Hillsdale, NJ: Erlbaum.

[235] Solso R. 2001. Cognitive psychology [M]. 6th ed. Boston: Allyn and Bacon.

[236] Song Ming, et al. 2008. Brain spontaneous functional connectivity and intelligence [J]. NeuroImage, 41 (3): 1168—1176.

[237] Spearman C. 1904. General intelligence, objectively determined and measured[J]. American Journal of Psychology, 15: 201—293.

[238] Spearman C. 1927. The abilities of man [M]. New York: Macmillan.

[239] Stein L. 1999. Challenging the computational metaphor: Implications for how we think [J]. Cybernetics and Systems, 30 (6): 473—507.

[240] Stern W. 1914. The psychological method of testing intelligence [M]. Baltimore: Warwick-York.

[241] Sternberg R, Detterman D. 1986. What is intelligence Contemporary viewpoints on its nature and definition [M]. Norwood, NJ: Ablex.

[242] Sternberg R. 1977. Intelligence, information processing, and analogical reasoning: The componential analysis of human abilities [M]. Hillsdale, NJ: Erl-

baum.

[243] Sternberg R. 1982. Handbook of human intelligence [M]. New York: Cambridge University Press.

[244] Sternberg R. 1984. Human abilities: An information processing approach [M]. San Francisco, CA: Freeman.

[245] Sternberg R. 1985. Beyond IQ: A triarchic theory of human intelligence [M]. New York: Cambridge University Press.

[246] Sternberg R. 1988. The triarchic mind [M]. New York: Viking.

[247] Sternberg R. 1996. Successful intelligence [M]. New York: Simon and Schuster.

[248] Sternberg R. 1998. In search of the human mind [M]. 2nd ed. New York: Harcourt Brace and Company.

[249] Sternberg R. 2003. A broad view of intelligence: The theory of successful intelligence [J]. Consulting Psychology Journal: Practice and Research, 55 (3): 139—154.

[250] Stevens S. 1957. On the psychophysical law [J]. Psychological Review, 64 (3): 153—181.

[251] Stevens S. 1960. The psychophysics of sensory function [J]. American Scientist, 48: 226—253.

[252] Sundet J, et al. 2008. The Flynn effect is partly caused by changing fertility patterns [J]. Intelligence, 36 (3): 183—191.

[253] Takahashi H, et al. 2004. Brain activation associated with evaluative processes of guilt and embarrassment: An fMRI study [J]. NeuroImage, 23 (3): 967—974.

[254] Taksic V, et al. 2004. Measuring emotional intelligence: Perception of affective content in art [J]. Studia Psychologica, 46 (3): 195—202.

[255] Terman L, Merrill M. 1937. Measuring intelligence: A guide to the administration of the new revised Stanford-Binet tests of intelligence [M]. London: G. G. Harrap.

[256] Thatcher R, et al. 2005. EEG and intelligence: Relations between EEG coher-

ence, EEG phase delay and power [J]. Clinical Neurophysiology, 116 (19):
2129—2141.

[257] Thelen E, et al. 2001. The dynamics of embodiment: A field theory of infant perservative reaching [J]. Behavioral and Brain Sciences, 24: 1—34.

[258] Thelen E, Smith L. 1994. A dynamic system approach to the development of cognition and action [M]. Massachusetts: MIT Press.

[259] Thompson E, Valera F. 2001. Radical embodiment: Neural dynamics and consciousness [J]. Trends in Cognitive Science, 5 (10): 418—425.

[260] Thorndike E. 1913. Educational psychology: The psychology of learning [M]. Volume 2. New York: Teacher college.

[261] Thurstone L, Thurstone T. 1941. Factorial studies of intelligence [M]. Chicago: University of Chicago Press.

[262] Thurstone L. 1924. The nature of intelligence [M]. New York: Harcourt Brace.

[263] Thurstone L. 1938. Primary mental abilities [M]. Chicago: University of Chicago Press.

[264] Thurstone L. 1940. The vectors of mind [M]. Chicago: University of Chicago Press.

[265] Thurstone L. 1955. The differential growth of mental abilities [M]. Chapel Hill, NC: University of North Carolina.

[266] Tsien J. 2000. Building a brainier mouse [J]. Scientific American, 282 (4): 62—68.

[267] Turing A. 1950. Computing machinery and intelligence [J]. Mind, 59: 433—460.

[268] van Gelder T, Port R. 1995. It's about time: An overview of the dynamical approach to cognition [M]//Port R, van Gelder T. Mind as motion: Explorations in the dynamics of cognition. Massachusetts: MIT Press.

[269] Varela F. 1991. The embodied mind [M]. Massachusetts: MIT Press.

[270] Vernon P, Mori M. 1992. Intelligence, reaction times, and peripheral nerve

conduction velocity [J]. Intelligence, 16 (3—4): 273—288.

[271] Vernon P. 1971. The structure of human abilities [M]. London: Methuen.

[272] Vernon P. 1990. The use of biological measures to estimate behavioral intelligence [J]. Education Psychologist, 25 (3—4): 293—304.

[273] Vernon P. 1993. Biological approaches to the study of human intelligence[M]. Norwood, NJ: Ablex.

[274] Vygotsky L. 1962. Thought and language [M]. Cambridge: The MIT Press.

[275] Vygotsky L. 1978. Mind in society: The development of higher psychological processes [M]. Cambridge, MA: Harvard University Press.

[276] Waelti P, Dickinson A, Schultz W. 2001. Dopamine responses comply with basic assumptions of formal learning theory [J]. Nature, 412 (6842): 43—48.

[277] Wagner D, Davis D. 1978. The necessary and the sufficient in cross-cultural research [J]. American Psychologist, 33 (9): 857—858.

[278] Weiner B. 1985. An attributional theory of achievement motivation and emotion [J]. Psychological Review, 92 (4): 548—573.

[279] Westen D. 1996. Psychology: Mind, brain and culture [M]. New York: John Wiley.

[280] Wilson M. 2002. Six views of embodied cognition [J]. Psychological Bulletin & Review, 9 (4): 625—636.

[281] Woodworth R, Schlosberg H. 1955. Experimental psychology [M]. New York: Holt, Rinehart and Winston.

[282] Zhang Qiong, et al. 2006. Intelligence and information processing during a visual search task in children: An event-related potential study [J]. Neuroreport, 17 (7): 747—752.

[283] Zhang Qiong, et al. 2007. Effect of task complexity on intelligence and neural efficiency in children: An event-related potential study [J]. Neuroreport, 18 (15): 1599—1602.